深海生物
生態図鑑
しんかいせいぶつせいたいずかん

● 写真・文
藤原義弘
土田真二
ドゥーグル・J・リンズィー
（海洋研究開発機構）

● 編集
中野富美子

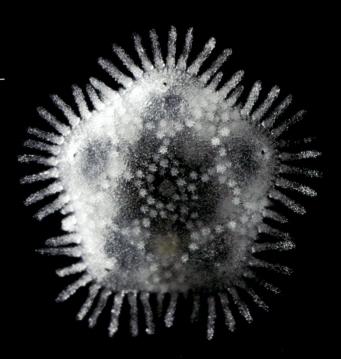

や貝など、いろいろな生きものに出あうことができて楽しいですね。でも、ヒトが潜れるのは特別な訓練をした人でも100mほど。海のもっとも深い場所はその100倍の1万m以上もあります。深海には、特別な潜水調査船などでなければ行くことはできません。

　この本では、わたしたちには行くことのできない深海の生物を研究している3人の研究者が撮影した深海生物が登場します。いずれも世界中の海に行き、潜水調査船に乗り、あるいは船から無人探査機を操縦して発見し、深海生物を採集します。それらを、船上で、生きた姿のまま撮影しています。さらに、それがどのような生物なのか、どんなくらしをしているのか、どんなところでどうやって生きているかなど、くわしく紹介しています。

　そこには、猛毒のガスがふき出す場所やくさったクジラの骨の中にいるものなど、わたしたちの想像を超える生きものもいます。また、世界中のだれも知らなかった「新種」の生物もいます。

　さあ、3人の博士たちの案内で、深海探検に出かけましょう！

写真提供：マリンワールド海の中道

　「深海生物生態図鑑」と聞くと、深海で撮影された深海生物の写真がズラッとならんだ図鑑だと考えるのがふつうでしょう。でも本書はちがいます。本書に出てくる深海生物は、いずれも採集され、船上の水槽に移されて撮影されたものばかりです。それはなぜか？潜水調査船に乗って行けば、本書に載った写真のような生物の姿を見ることができると思ったら大まちがい。本書に出てくる生きものの多くは非常に小さかったり、生きものの体のすき間にかくれていたり、土の中でくらしていたりするので、潜水調査船の小さな窓からしっかりながめることは困難です。

　そこで本書では、さまざまな生きものの姿をできるだけくわしく観察してほしくて、このような形にこだわりました。深海生物はへんな形をした気味の悪い生きものだと思われがちです。でも、実際の深海生物は美しかったり、カッコよかったり、かわいかったりするものばかり。潜水調査船に乗っても見ることができない深海生物の世界をご堪能ください。

藤原義弘

撮影：横岡博之

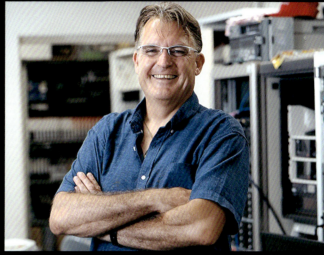

撮影：村田克己（講談社写真部）

　海をながめると果てなき水平線がひろがり、多少波があってもほぼ平らに見えます。しかし、海底へ降りると、そこは地上にはない巨大な海山や深淵な海溝など、水面からは想像もできない複雑な地形が広がっています。深海の環境は平らな安定した場所もありますが、断崖絶壁や一面厚い泥におおわれた場所、海山の谷間をぬける潮流が早い場所、300℃を超える熱水が噴出する場所などさまざまです。

　このような多様な環境にも生物がそれぞれ適応し、たくましく生きています。ここでは我々がこれまでに調査し採集した生物の一部を紹介します。ライトを当てじっくりと観察すると、とてもカラフルな体色や奇妙な形態をもつことがわかります。これらの生物は、標本として固定される前のもので、本来の色彩や形態をとらえている貴重な瞬間だといえます。ぜひ目をこらしてじっくりと見ていただき、いまだ見ぬすばらしい生物たちに思いをはせていただけるとうれしい限りです。

土田真二

　海に出て調査をすれば、必ず新発見があります。それに気づくかどうかは、感覚のするどさと知識の深さおよび広さに依存します。生物のことを、思いこみなく、よく観察すれば、形のちがいや行動のちがい、色のちがいなどに気づくかもしれません。そこをよく調べれば、おっと驚くことがあります。たとえば、魚が頭を上にして浮いていたり、下にして浮いていたり、もしくは背中を下にして浮いていたりすれば、これはだれも知らない行動を観察できたとすぐ考えつきます。しかし、目つきが少し、いつもとはちがう気がする、そんなところに気づいてから、ヒレやエラぶた、歯の形などをよく知れば、「新種発見！」につながることがめずらしくないぐらい深海はまだ未知の世界です。

　わたしは、体が非常にもろく、すぐこわれてしまうクラゲなどを研究対象としているので、なおさらです。こういう図鑑などで深海の生物をみなさんによりよく知ってもらい、次世代の研究者に知識やロマンを伝えることも楽しいですが、「新発見」と気づく瞬間がわたしは一番楽しい！

ドゥーグル・J・リンズィー

もくじ

はじめに……2

Chapter0
地球最後のフロンティア 深海……5

深海の謎に挑む……6
深海の新事実、次々発見……8
さらに驚きの発見も……10
まだまだ深海の99パーセントは謎？……12
「水の惑星」とよばれる地球……14
さあ！ 深海探検に出発しよう！……15

この本の使い方……16

Chapter1
熊野灘から西七島海嶺、東海・関東地方の海へ……17

シャリンヒトデ目の一種……18
テンロウヨコエビ属の一種……20
アプセウデス科の一種……21
エボシナマコ属の一種……22
ウミケムシ科の一種……23
ヨロイセンジュエビ……24
カイメンヤドリアナエビ属の一種……25
アオメエソ……26
タイワンリョウマエビ……28
ウミクワガタ科の一種……29
クサウオ科の一種……30
ナツシマチョウジャゲンゲ……32
ワレカラ属の一種……33
クロカムリクラゲ……34
フカミクラゲ……35
ムネエソモドキ……36
シギウナギ……37
ヨコヅナイワシ……38
ユメザメ……40
ヒゲツノザメ……41
トリノアシ……42

Chapter2
東北地方の海へ……43

ホテイヨコエビ科の一種……44
フトヒゲソコエビ上科の一種……45
ドーリス科の一種……46
コンゴウアナゴ……48
ヨコスジクロゲンゲ……49
ホソウミナナフシ科の一種……50
ヨコエソ……52
隠足目の一種……54
マツカサキンコ属の一種……55
チヒロダコ属の一種……56
センジュナマコ……57
ゼウシア属の一種……58
ベニオオウミグモ……59
キチジ……60
ダーリアイソギンチャク……62
ヒメヒトデ属の一種……63
ウミホタル科の一種……64
ユウキータ属の一種……65
カノコケムシクラゲ……66
キライクラゲ……67

Chapter3
九州地方から沖縄と南西諸島の海へ……69

コトクラゲ……70
ハダカエボシ科の一種……71
ゲイコツナメクジウオ……72
マダコ属の一種……74
メンダコ……75
アシナガサラチョウジガイ……76
六放海面綱の一種……77
カワリオキヤドカリ……78
ヒゲナガチュウコシオリエビ……79
イトエラゴカイ属の一種……80
ゴエモンコシオリエビ……81

Chapter4
大東諸島から九州・パラオ海嶺へ……83

カブトヒメセミエビ属の一種……84
ワモンヤドカリ属の一種……85
チュウコシオリエビ科の一種……86
グソクムシ科の一種……87
イトマキボラ科の一種……88
腹足綱の一種……89
マメヘイケガニ科の一種……90
テングウミノミ科の一種……92
クダヤギ属の一種……94
クモエビ属の一種……95
バラハイゴチ……96
ゴマフウリュウウオ……97
イトアシカムリ属の一種……98
ホモラ科の一種……99
ミカワエビ……100
ホンヤドカリ科の一種……101
ナナテイソメ科の一種……102
センスガイ科の一種……103
ハグルマミズスイ……104
エビスガイ属の一種……105
ウロコムシ科の一種……106

Chapter5
マリアナ海嶺からニュージーランド沖・メキシコ湾から南米の海へ……107

ユノハナガニ……108
キンヤギ科の一種……110
ユウレイモヅル科の一種……111
ガリリア属の一種……112
リットウクモエビ……113
アリエテルス属の一種……114
ネコジタウミギク……116
ダイオウウニ亜科の一種……117
ダイオウグソクムシ……118
エボシナマコ属の一種……120
ジュウモンジダコ属の一種……121
裸鰓目の一種……122

Chapter6
南極域からベーリング海、北極域の海へ……123

ナツメイカ……124
ダイオウホウズキイカ……125
ダルマハダカカメガイ……126
アウガプティルス科の一種……127
ナナテイソメ科の一種……128
レプトソマトゥム科の一種……129
ヒゲナガダコ科の一種……130
カドナシフタツクラゲ……132
ヤジリクラゲ……133
スカシソコクラゲ……134
シンカイウリクラゲ……135
ミルズクロクラゲ……136

ChapterX
深海から見えてきた地球の今、そして、未来

最新研究で海をまもる！……138
リアルで、オンラインで、深海生物と出あおう……140

SINKAI Column

「海洋保護区」って何？……31
新種の巨大トップ・プレデター発見……39
巨大地震の爪あと……51
日本海の深海のゆたかな恵み……61
北海道の深海には……68
クジラの骨に集まるものたち……73
沈木に生きるものたち……82
南の海の洞窟探検……91
熱水噴出域とは？……109
栄養の少ない深海で巨大化する謎……119

生物名さくいん……142

Chapter 0

地球最後のフロンティア
深海

宇宙にうかぶ小さな星、地球。水のない星もたくさんあるなか、
ゆたかな水をたたえ、たくさんの命をはぐくんでいる。
その深い海へ、人々は挑戦を続けてきました。そして、今、
さらなる挑戦から、だれも知らなかった新しい発見が生まれています。

撮影：藤原義弘

深海の謎に挑む

海で泳いだことはありますか？ 深く潜ったことはありますか？
わたしたちが潜れるくらいの深さの海では、魚や小さな生きものなどが
たくさん泳いでいます。さらに、どんどん深く潜ると、
そこには「深海」とよばれる別世界がひろがっています。
深海にはまだ謎がたくさんあります。
深海の謎に挑戦してみましょう！

厳しい世界、深海

海のもっとも深い場所は約1万m。1万m
というと地上では富士山を3つ重ねたくら
い。航空機が飛ぶほどの高さだ。

上空1万mの気温は極寒の約マイナ
ス50℃。気圧は地上の4分の1と、
飛行機内でなければ気を失ってしまう
世界。

海は、水深が深くなるほど温度が下が
り、圧力が高くなる。水深1万mは、
水温約1～2℃。そして、指先に乗用
車を乗せたほどの圧力がかかる想像を
絶する過酷な場所だ。

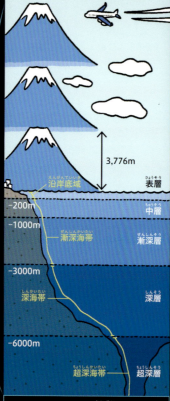

深海生物のくらす海底や水中は、水深によって上記のように区分される。

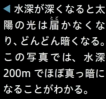

◀水深が深くなると太陽の光は届かなくなり、どんどん暗くなる。この写真では、水深200mでほぼ真っ暗になることがわかる。
提供：JAMSTEC

▶水深が深くなると水圧はどんどん高くなる。水深500mと同じ圧力をかけると、かたい金属バットもこのようにつぶれてしまう。提供：JAMSTEC

▲小型無人探査機「クラムボン」(p51)
カメラや海底のものをつかめるマニピュレータ、生物などをすいこめるスラープガンなどがあり、東日本大震災による被害調査（p51）などにも活躍した。
提供：JAMSTEC

▲深海えいこう調査システム「ディープ・トウ」(p128)
調査船に引かれて深海を移動し、カメラで海中を観察したり、音波を発して地形を調べたりできる探査機。いろいろな調査機器をのせることができる。
提供：JAMSTEC

▲無人探査機「KM-ROV」(p83)
調査船「かいめい」(p83)専用の無人探査機。母船からの指示で、海底に着底してマニピュレータで生物を採集したり、カメラで撮影したりできる。
提供：JAMSTEC

さまざまな調査船で挑む

深海は、わたしたちヒトが行くにはとても厳しい場所。そのため、特別な潜水船や探査機などで挑戦が続けられている。

▲ 有人潜水調査船「しんかい6500」3名（パイロット1～2名と研究者）が乗って、水深6500mまで潜ることができる。窓から外を見たり撮影したり、マニピュレータで試料を取ったり機器を設置したりすることができる。
提供：JAMSTEC

深海の新事実、次々発見

真っ暗で冷たく高圧の世界、深海。大昔から深海の謎に挑戦をする人もいましたが、なかなか解き明かされませんでした。18世紀には自動車が発明され19世紀にはライト兄弟が飛行機で空を飛ぶようになっても、深海には生きものなどいないと考えられていました。ところが、その後、調査技術が進歩し、謎につつまれた深海の新事実が次々発見されるようになりました。

1977年
熱水噴出孔にチューブワーム発見！

▲ チューブワーム
アメリカの潜水調査船「アルビン」は、深海底に、ヒトには有害な熱水がふき出す場所を発見。さらに、そこにチューブワームなどたくさんの生物を発見した。

1839年
エドワード・フォーブス、「深海無生物説」発表

◀ エドワード・フォーブス
イギリスの博物学者フォーブスは、独自の観測情報をもとに、「水深540mより深い海にはおそらく生物はいない」と主張した。

▲ サツマハオリムシ
1993年、鹿児島湾の湧水域で発見され、「サツマハオリムシ」と命名されたチューブワームの一種。チューブワームのなかでもっとも浅い水深82mでの発見だった。

撮影・同定：藤原義弘

1872〜1876年
チャールズ・トムソン、探検航海でたくさんの深海生物発見

◀ チャレンジャー号
フォーブスの主張を受け、トムソンは、チャレンジャー号で海洋を調査し、深海からもたくさんの生物を発見。深海にも生物がいると証明した。

1987年
クジラの骨にたくさんの生物「鯨骨生物群集」を発見

▶ クジラの骨
死んだクジラの骨で多くの生物が見つかったのは1987年アメリカ。その後、日本の小笠原諸島でも世界で2例目として発見され、そこに生きるさまざまな生物が発見された。これは、1992年に発見された「鯨骨生物群集」。
提供：JAMSTEC

1984年
「しんかい2000」で幻の貝、シロウリガイの群れを発見

▲ シロウリガイ
長く化石しか知られず幻の貝といわれていたシロウリガイ。胃も腸も退化し、細菌がつくる有機物で生きるという謎の貝。その大群集を、冷たく、ヒトには危険な硫化水素のわき出す場所で発見した。写真は2016年に相模湾で発見されたシロウリガイの群れ。

1995年
水深1万900mという超深海に「カイコウオオソコエビ」発見

◀ カイコウオオソコエビ
地上の1000倍という強烈な圧力のある深海で発見されたカイコウオオソコエビ。その後の研究で、体内に、木くずなどを分解できる特殊な酵素をもっていることがわかった。カイコウオオソコエビは表層から落ちてくる流木や枯れ葉などを分解して栄養にすることができると考えられている。
提供：JAMSTEC

さらに驚きの発見も

深海には、地上では想像もできないような生物が次々と発見されてきました。生命はいないと思われていた深海には、わたしたちの常識をはるかに超えた生き方で、その環境に適応したさまざまな生物がくらしていることがわかってきたのです。

2001 年
あしが硫化鉄でおおわれた「スケーリーフット（ウロコフネタマガイ）」発見

▶ 熱水のふき出す場所にいるこの貝は、研究の結果、体内に熱水にふくまれる硫化水素を使ってエネルギーをつくる細菌をもち、その菌から栄養をもらっていることがわかった。そして不要な硫黄はあしに送られ、それが海水中の鉄と反応して硫化鉄のうろこになっているのだ。

提供：JAMSTEC

◀ その後、白いスケーリーフットも発見された。白いものはあしに硫化鉄はふくまないが、実験で黒い個体のいる熱水噴出孔に置くと、硫化鉄をふくむ黒いうろこができることがわかった。

提供：JAMSTEC

2016 年
駿河湾で、謎の巨大深海魚発見！

2021 年
研究の結果、新種のトップ・プレデター「ヨコヅナイワシ」（p38）として記載された！

「オニアンコウ」の仲間は、
オスはメスにかじりついて繁殖するが、
メスに出会えなかったオスは
死んでしまうことがわかった。

▶ これはオニアンコウのメス。そしてその腹にかじりついているのがオス。以前は小さいオスは別種の魚とおもわれていたが、研究の結果、成体のオスであり、オスは自分では何も食べることができず、メスにかじりついて栄養をもらい、精子を送って繁殖する存在だということがわかった。
撮影・同定：藤原義弘

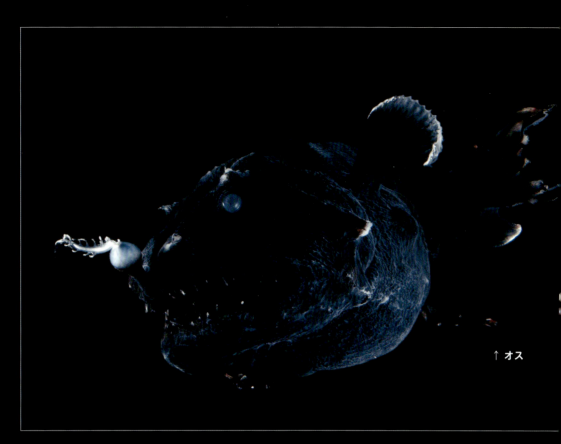

↑オス

▼「新種」とは、「これまで知られていなかった種」のこと。「トップ・プレデター」とは、サバンナのライオンのように、その生息域で、自分を襲うものがいない「生態系の頂点にいるもの」のこと。ヨコヅナイワシの全長は250cm以上。研究の結果、水深2000m以深にすむ深海固有種として世界最大の硬骨魚だということもわかった。
撮影・同定：藤原義弘

まだまだ深海の99パーセントは謎？

地球上の深海のうち、ヒトが触れたことがあるのは、ほんの数パーセントほどといわれています。さらに、科学的に調査されているところはもっと少なく、わずか1パーセントにも満たないと考えられています。深海にはまだ謎がたくさんあります。これから、まだまだ驚きの発見が生まれるにちがいないのです。

死んだクジラを食べるのはだれだ？

「鯨骨生物群集」(p9) では、これまでだれにも知られていなかった新種 (p10) の生物が見つかることが多い。さらに、死んだクジラを深海底に置いてどのような生物がやって来るかを調べる研究もおこなわれている。その結果、ふだんは浅い海にいるイタチザメがきて肉を食べる姿も観察されて研究者たちを驚かせている。

▲▶ 海底に設置したクジラの骨（上）と、鯨骨にやってきたイタチザメ（右）。 提供：JAMSTEC

▼エサを入れたかごにやってきてほかの魚を追いはらう巨大なヨコヅナイワシ（右）。
提供：JAMSTEC

それぞれの深海のトップ・プレデターはだれだ？

2016年に発見され、2021年に駿河湾のトップ・プレデター (p10) と解明された「ヨコヅナイワシ」(p10)。さらに、研究の結果、伊豆半島から南に400kmもはなれた場所でも、全長250cm以上もあるさらに大きなヨコヅナイワシが撮影された。こんな巨大なトップ・プレデターもこれまでだれにも知られていなかったのだ。

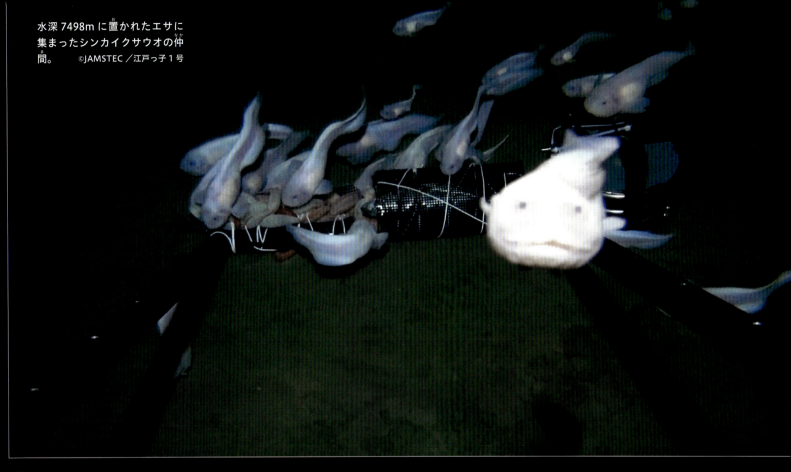

水深7498mに置かれたエサに集まったシンカイクサウオの仲間。©JAMSTEC／江戸っ子1号

超深海にはどんな生物がいるか？

生物などいないと考えられていた超深海に、さまざまな生物がいることがわかった。それでも超深海は行くことも調査することもむずかしい。これからも、だれも知らなかった生物が発見されるにちがいない。

「海洋保護区」には、どんな深海生物がいるか？

「海洋保護区」（p31）とは、生物がすこやかに生きられるような海の環境をまもるために決められた場所のこと。ただ、海の環境をまもるためには、そこにどのような生物がいるかを知る必要がある。とくに深海はまだ謎が多いので、くわしく調べる必要がある。

▶ ブラジル沖の調査に向かう「しんかい6500」。母船から降ろされ、着水してから引きあげられるまで、約8時間活動できる。　撮影：藤原義弘

「水の惑星」と よばれる地球

地球の表面積の約70パーセントは海です。地球は、たくさんの水をたたえた星。そのため、地球は「水の惑星」ともよばれています。

月にも火星にも海はない

地球のまわりを回る月にも、太陽のまわりで、地球の外側を回る火星にも、ほとんど水はないと考えられている。地球の生命は水の中で生まれたと考えられている。水があることで、地球は命あふれる星になることができたのだ。

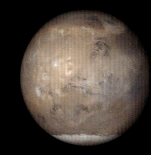

◀火星
直径は地球の半分ほどで、地球と同じように岩石でできた惑星。火星にもかつてはたくさんの水があったと考えられている。今は液体の水はなく、わずかな水蒸気や極地域の氷が見つかっているのみである。
提供：NASA

◀地球
大きな海があり、そこから蒸発した水は雲となって空に浮かび、雨として降る。その水の中で、わたしたちヒトの祖先もふくめた、たくさんの命が生まれた。
提供：NASA

◀月
地球のまわりを回る衛星。直径は地球の4分の1ほど。観測と研究の結果、月にも水の分子があるという報告があるが、地球のように生命を生み出すような海はない。
提供：NASA

世界の海の95パーセントは深海！

地球における海の表面積は、陸地の約2.5倍。そして、太陽光が届かなくなる水深200メートルより深い海が「深海」とよばれている。その深海は、海全体の容積の95パーセントもある。そこはヒトにとって、謎に満ちた場所。まだまだこれから驚きの発見が生まれるにちがいない場所なのだ。

◀海のおよその深さを示す世界地図。色が濃い部分ほど深い。世界でもっとも深いマリアナ海溝は、日本の南にある。

いて驚くような生き方をしています。この本でも、まだ、どこにも報告されていない「未記載」の生物がいくつも紹介されています。さあ、深い謎を秘めた深海探検に出発しましょう！

▶「しんかい6500」内部。約8時間の潜航で、海底で3〜5時間ほど調査活動ができる。これまでにたくさんの新種の生物や、今まで知られていなかった生態を発見してきた。

提供：JAMSTEC

▲アメリカの潜水調査船「トライトン」に乗りこむ藤原義弘博士。アクリルでできた球体が特徴の調査船からは、広い範囲の深海を直接観察することができる。

© 宮崎征行／JAMSTEC

◀海洋研究開発機構（JAMSTEC）の「しんかい6500」。3人乗りの潜水調査船。3つの窓から深海を直接見て、マニピュレータで生物や岩石などを採集することもできる。

提供：JAMSTEC

この本の使い方

その生物の注目点。
その生物の日本での名前。

学名：その生物の世界共通の名前。
分類：その生物が、どのグループの生物かの説明。

その生物の生態や採集した場所、採集したときのようすなどを解説し、下に、解説・撮影・同定（その生物の属しているグループや名前を確認）した人の名前を記している。

その生物の大きさを大人の人の手と比較してサイズとともに紹介している。

採集日：その生物を採集した日づけ。
採集場所：その生物を採集した場所。
水深：その生物を採集した水深。
生息環境：どんな場所にいたかの説明。

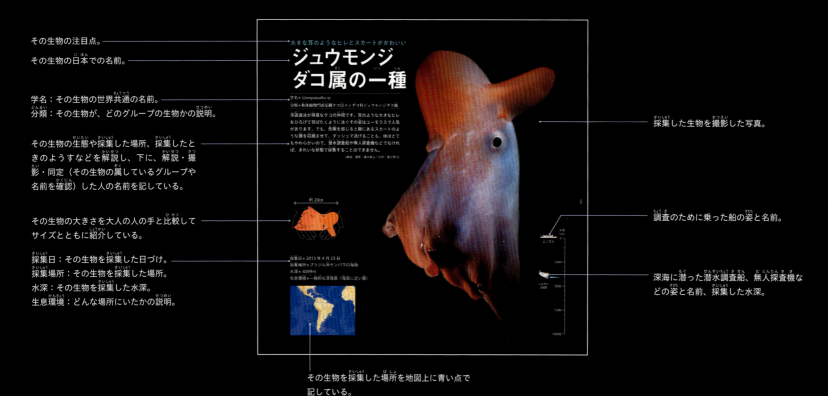

採集した生物を撮影した写真。

調査のために乗った船の姿と名前。

深海に潜った潜水調査船、無人探査機などの姿と名前、採集した水深。

その生物を採集した場所を地図上に青い点で記している。

この本に出てくるおもな日本の地域と海、海底地形の名前

この本に出てくるおもな世界の海の名前、海底地形の名前

Chapter 1

熊野灘から西七島海嶺、東海・関東地方の海へ

かいれい

西七島海嶺は、伊豆半島の南、小笠原諸島の西側にある海嶺。「海嶺」とは、海底にある細長い急な斜面をもった高まりです。そこは、海の環境をまもるため、定期的に調査をしている場所のひとつ（p31）です。熊野灘から西七島海嶺、そして、わたしたちのくらしに近い駿河湾や相模湾、東京湾の深海に潜ってみましょう。

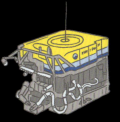
ハイパードルフィン

シャリンヒトデ目の一種（p18）
熊野灘

トリノアシ（p42）
東京湾

クロカムリクラゲ（p34）
相模湾

カイメンヤドリアナエビ属の一種（p25）
西七島海嶺

ヨコヅナイワシ（p38）
駿河湾

沈んだ木に、だれも知らなかったヒトデ発見！
シャリンヒトデ目の一種

学名◆ *Xyloplax* sp.

分類◆棘皮動物門ヒトデ／海星綱シャリンヒトデ目 Xyloplacidae 科 *Xyloplax* 属

超希少種です。この仲間は、これまで世界でたった3種しか発見の報告がなく、太平洋からはまだ1個体も記録がない小さな小さなヒトデの仲間。おそらくこれは「新種」。つまり、世界中でだれも知らなかった種です。この個体もふくめ、これまで発見された個体は、すべて沈木から発見されています。海に沈んだ木（p82）は、クジラの骨（p9,73）と同じように、一般的な泥などの海底とはちがう生物由来のものという特別な環境。新たな謎を解くカギになるでしょう。

（解説・撮影：藤原義弘／同定：小林 格）

1.8㎜

採集日◆ 2024年6月15日
採集場所◆熊野灘（和歌山県）
水深◆ 3235m
生息環境◆沈木

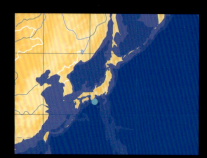

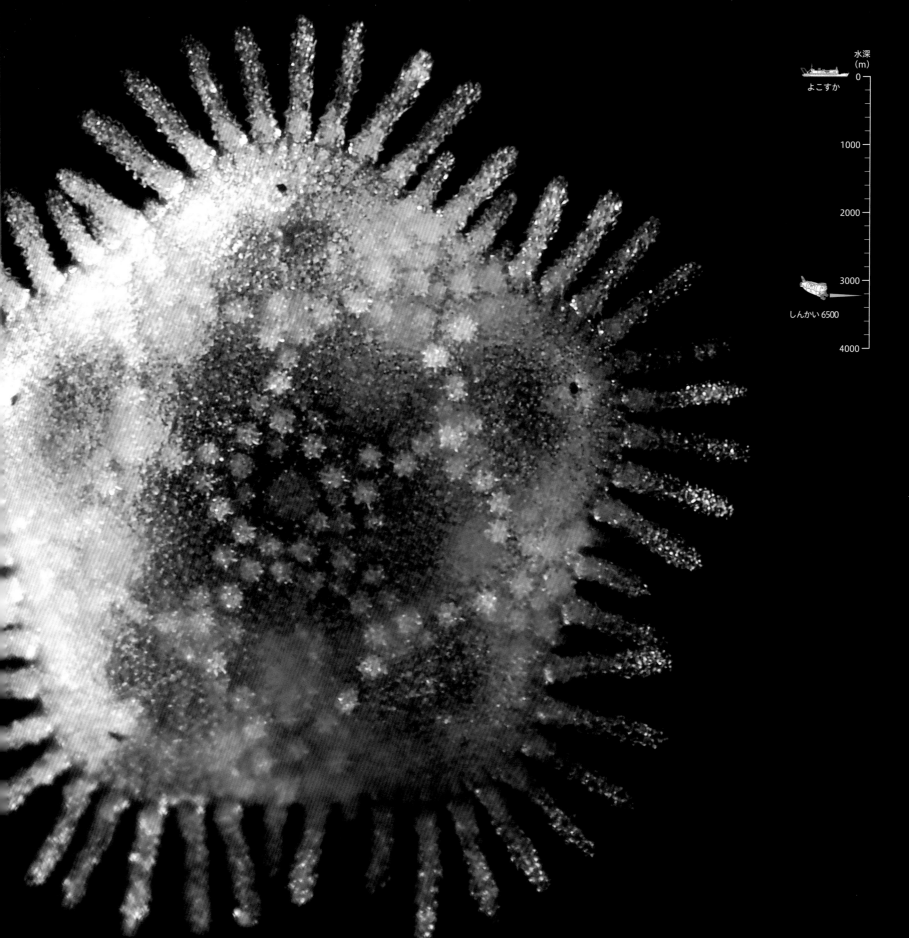

力強いスタイルの海のそうじ屋さん
テンロウヨコエビ属の一種

学名 ◆ *Eusirus cuspidatus*

分類 ◆ 節足動物門軟甲綱端脚目 テンロウヨコエビ科 テンロウヨコエビ属

わりと多く見られるヨコエビ類ですが、リングに上がったボクサーのような、力強い感じが魅力的。ヨコエビの仲間は、「エビ」とつきますがエビの仲間ではありません。世界中の山や湖、海などに広く生息しています。この仲間はそうじ屋さん。海では、海底に沈んだ生きものの遺がいにむらがり、あっという間に食べつくしてしまいます。また魚など多くの生物の食料でもあるのです。

（解説・撮影：藤原義弘／同定：有山啓之）

採集日 ◆ 2024年6月13日
採集場所 ◆ 熊野灘（和歌山県）
水深 ◆ 1581m
生息環境 ◆ 一般的な深海底

3.6cm

水深(m)

よこすか 0

500

1000

1500

しんかい6500

2000

クモのように糸で巣作りをするものもいる
アプセウデス科の一種

学名 ◆ *Fageapseudes* sp.
分類 ◆ 節足動物門軟甲綱タナイス目アプセウデス科 *Fageapseudes* 属

「しんかい 6500」で深く潜り、水深 3000m を超えたころで発見したのが、このアプセウデス科の一種です。採集してよく見ると、小さいけれどゴツい感じで、節足動物らしいフォルムが魅力的です。これでもまだ幼生です。これらタナイスの仲間には、クモのように糸を分泌して巣作りに利用する種類がいます。現在くわしい研究がすすめられています。　　　（解説・撮影：藤原義弘／同定：角井敬知）

採集日 ◆ 2024 年 6 月 14 日
採集場所 ◆ 熊野灘（和歌山県）
水深 ◆ 3128m
生息環境 ◆ 一般的な深海底

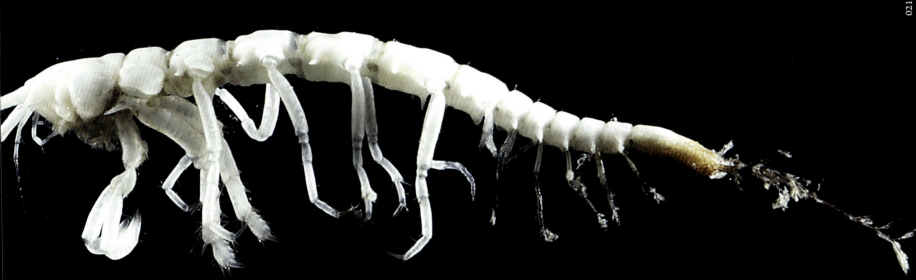

16.5cm

採集日◆2024年6月14日
採集場所◆熊野灘（和歌山県）
水深◆1503m
生息環境◆一般的な深海底

宇宙船のような美しいナマコ

エボシナマコ属の一種

学名◆ *Psychropotes* sp.
分類◆棘皮動物門ナマコ／海鼠綱板足目エボシナマコ科エボシナマコ属

深海底に、大きなうすいピンク色のナマコを発見！ 慎重に採集しました。いろいろなやわらかい堆積物がひろがる深海底は、生物の遺がいや排泄物などがまざった泥を食べるナマコたちの天下です。泥の中にあるわずかな有機物をもとめて、大量の泥を食べ、大量のふんをします。このナマコは、あわい色と透明感が魅力的で、ちょっと宇宙船のような姿です。

（解説・撮影：藤原義弘／同定：小川晟人）

水深(m)
よこすか 0
500
しんかい6500 1500
2000

奇岩の深海に、真っ赤なケムシ!?
ウミケムシ科の一種

学名◆ *Pherecardia* sp.
分類◆環形動物門多毛綱ウミケムシ目ウミケムシ科 *Pherecadia* 属

「絶海の奇岩」とよばれるろうそくのような姿の嬬婦岩。このウミケムシは、その岩の周辺に仕掛けたカメラのえさかごに入っていました。「ケムシ」の名がついていますが、ミミズなどと同じ環形動物。真っ赤な体に黄色いとさかのような部分が色あざやかです。浅い海のウミケムシは毒針をもち、刺されることがありますが、このウミケムシに毒針があるかどうかは不明です。

（解説・撮影：藤原義弘／同定：自見直人）

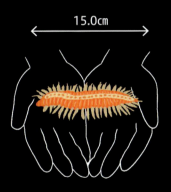

15.0cm

採集日◆ 2017 年 5 月 22 日
採集場所◆伊豆諸島嬬婦岩周辺
水深◆ 463m
生息環境◆岩盤底

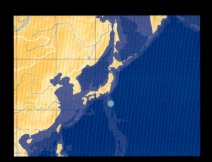

新海丸　水深(m) 0

ベイトカメラ IBISO1　500

1000

1500

2000

折りたたまれた鋏脚が目をひく
ヨロイセンジュエビ

学名 ◆ *Homeryon armarium*

分類 ◆ 節足動物門軟甲綱十脚目センジュエビ科 *Homeryon* 属

水深1000m近くに「KM-ROV」で潜ってみると、ライトが真っ赤なエビの姿を照らし出しました。さっそく採集。飛ぶような姿がかっこいいです。このエビは、ふだんは岩などに張りついていることが多いのですが、前にある長い歩脚をたたんで後ろにある短い腹肢ですべるように泳ぐこともできるのです。折りたたまれた細長い鋏脚も魅力的。

(解説・撮影：藤原義弘／同定：駒井智幸)

採集日 ◆ 2021年10月17日
採集場所 ◆ 西七島海嶺安永海山
水深 ◆ 955m
生息環境 ◆ 海山

カイメンに宿る美しい穴海老

カイメンヤドリ
アナエビ属の一種

1.4cm

学名 ◆ *Eiconaxius* sp.

分類 ◆ 節足動物門 軟甲綱 十脚目 Eiconaxiidae 科カイメンヤドリアナエビ属

沖合海底自然環境保全地域（p31）にある海山の山頂付近でカイメンを採集したところ、小さなザリガニのような姿の甲殻類がカイメンに乗っていました。その名も「海綿宿り穴海老」。キヌアミカイメンという「海綿」に「宿って」いることからの名。透明感がきれいです。この仲間は世界で38種、日本近海でそのうち5種が記載されています。今回の種はまだ種名は不明ですが、2024年、あらたに同属の新種も見つかりました。

（解説・撮影：藤原義弘／同定：駒井智幸）

採集日 ◆ 2020年11月29日
採集場所 ◆ 西七島海嶺正保海山
水深 ◆ 456m
生息環境 ◆ 海山

水深 (m)
0
かいめい

500
KM-ROV

1000

1500

2000

青や緑に光る体に黄色い眼があざやか
アオメエソ

学名 ◆ *Chlorophthalmus albatrossis*
分類 ◆ 脊索動物門条鰭綱ヒメ目アオメエソ科アオメエソ属

このアオメエソは、「海洋保護区」(p31) のひとつである「西七島海嶺」の調査航海で、「正保海山」から採集しました。アオメエソはメヒカリとして知られ、からあげなどの食用となる深海魚の代表的なもののひとつです。採集して、撮影のためにストロボをたくと美しい体色があらわれました。眼球の黄色があざやかですが、体色は一見、地味。ところが、ストロボの角度を変えると写真のような色が浮かび上がり、「からあげの材料」から、「芸術品」へと生まれ変わりました。

（解説・撮影：藤原義弘／同定：小枝圭太）

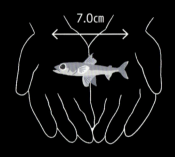

採集日 ◆ 2020 年 11 月 29 日
採集場所 ◆ 西七島海嶺正保海山
水深 ◆ 402m
生息環境 ◆ 海山

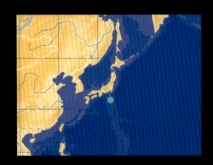

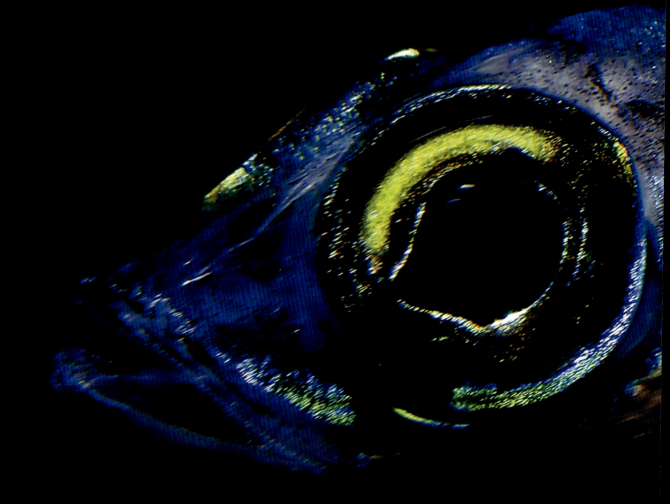

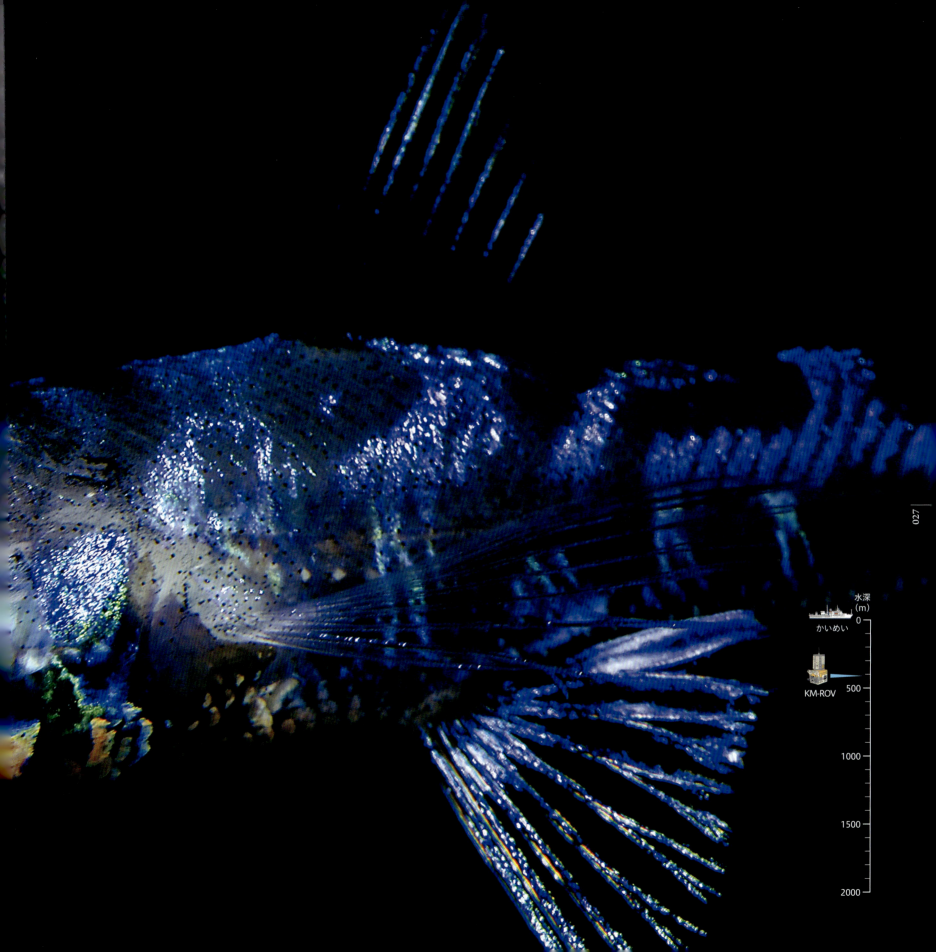

ギイギイと音を出すこともある
タイワンリョウマエビ

学名 ◆ *Nupalirus chani*

分類 ◆ 節足動物門軟甲綱十脚目イセエビ科クボリョウマエビ属

イセエビの仲間で、色彩が美しい甲殻類です。種名の「リョウマ」は、土佐ゆかりの志士、坂本龍馬から。以前はリョウマエビと混同されていましたが、日本やニューカレドニアで採集された個体をもとに研究され、体がリョウマエビより小さく、尾の形が丸みをおびていることなどから、1994年に新種と解明されました。長い触角の根元に鳴音器があり、ギイギイと音を出すことができます。

（解説・撮影：藤原義弘／同定：駒井智幸）

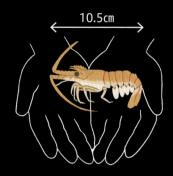

採集日 ◆ 2020年12月1日
採集場所 ◆ 西七島海嶺
水深 ◆ 320m
生息環境 ◆ 海山

クワガタではなくグソクムシの仲間
ウミクワガタ科の一種

学名◆ *Gnathia* sp.

分類◆節足動物門軟甲綱等脚目ウミクワガタ科 *Gnathia* 属

「クワガタ」と名づけられ、クワガタのような姿ですが、じつはダイオウグソクムシ（p118）と同じ等脚目の一種。この写真の個体はオス。このように大きなあごをもっているのはオスだけで、なわばり争いなどに利用するのではないかと考えられています。幼生のときは魚類の血液を吸って成長し、3回脱皮して成体になります。

（解説・撮影：藤原義弘／同定：田中克彦）

採集日◆2020年11月30日
採集場所◆西七島海嶺
水深◆405m
生息環境◆海山

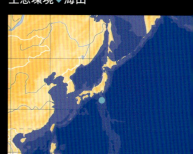

水深6000m近い超深海で新種発見か!?
クサウオ科の一種

学名 ◆ Liparidae gen. sp.

分類 ◆ 脊索動物門条鰭綱カサゴ目クサウオ科

第1鹿島海山のふもと付近で発見した、クサウオの仲間です。よく知られるシンカイクサウオ（p13）や世界最深のマリアナ海溝にすむマリアナスネイルフィッシュの体色はうすいピンクですが、本種はうすいグレー。またシンカイクサウオなどは海底近くを遊泳していることが多いのですが、このクサウオは海底に着底していました。

（解説・撮影：藤原義弘／同定：小枝圭太）

採集日 ◆ 2023年8月25日
採集場所 ◆ 伊豆・小笠原海溝第1鹿島海山
水深 ◆ 5793 m
生息環境 ◆ 海山

約26.5cm

SINKAI Column

「海洋保護区」って何？

いま世界では、地球上のさまざまな海の生物をまもるために、海の環境をよくしようという動きが活発になっています。いくつかの「海洋保護区」を決め、そこにすむ生物を調べ、環境をまもる活動がおこなわれています。日本でも、これまでの取り組みにくわえ、2020年に、さらに4つの保護区が指定されました。地図にある「伊豆・小笠原海溝」「中マリアナ海嶺・西マリアナ海嶺北部」「西七島海嶺」「マリアナ海溝北部」の各海域の深海です。

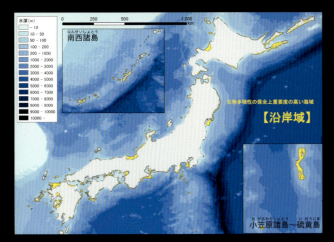

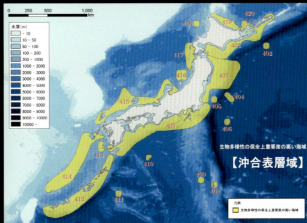

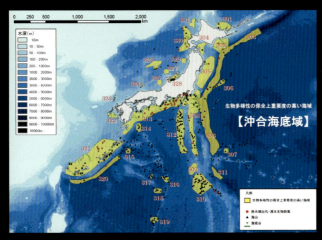

▲「生物多様性の保全上重要度の高い海域」としてこれまで指定さてきた、上から「沿岸域」、「沖合表層域」、「沖合海底域」。
出典：「生物多様性の観点から重要度の高い海域」（環境省）

▲ あらたに指定された「沖合海底自然環境保全地域」。いずれも現在は自然環境がよい状態でまもられていると考えられている地域だ。
出典：「生物多様性の観点から重要度の高い海域」（環境省）

▲ 2007年に、伊豆・小笠原海域で「ハイパードルフィン」によって撮影されたメンダコ (p75)。
（提供：JAMSTEC）

▲ こちらも、伊豆・小笠原海域で、2004年に「ハイパードルフィン」によって撮影されたダイオウクラゲ (p119)。現在も、各地の海で、深海の生態系を観測する努力が続けられている。
（提供：JAMSTEC）

胸ビレ腹ビレ浮き袋なしの謎多き魚
ナツシマチョウジャゲンゲ

学名 ◆ *Andriashevia natsushimae*

分類 ◆ 脊索動物門条鰭綱スズキ目ゲンゲ科チョウジャゲンゲ属

相模湾で発見されて、2009年に新種として記載された魚。和名の「ナツシマ」は当時の調査船の名から。胸ビレも腹ビレも浮き袋もありません。硫化水素やメタンなど、ヒトには有害な物質をふくむ水がふき出す湧水域、ハオリムシの仲間（p8）などがいる場所に生息しています。このような場所を好む魚類はほとんどいませんが、ゲンゲの仲間は、世界各地の湧水域や熱水噴出域から発見されています。

（解説・撮影：藤原義弘／同定：小枝圭太）

水深(m)
かいめい 0
500
KM-ROV 1000
1500
2000

約12.0cm

採集日 ◆ 2021年10月24日
採集場所 ◆ 相模湾
水深 ◆ 911 m
生息環境 ◆ 湧水域

この個体の観察から眼があると判明！

ワレカラ属の一種

学名◆ *Caprella ungulina*

分類◆節足動物門軟甲綱端脚目ワレカラ科ワレカラ属

ワレカラは、エビやカニと同じ甲殻類の仲間。世界中の浅い海にも広く分布し、日本でも昔から「我から（わたしから）」の意味で歌にも詠まれましたが、深海に生息するものもいます。この個体は相模湾の深海底のエゾイバラガニの甲羅の上にいました。標本では色が失われるため、新種として記載されたときには眼がないとされましたが、この個体の生きた姿の観察から、眼があることがわかりました。

（解説・撮影：藤原義弘／同定：青木優和）

採集日◆ 2007 年 12 月 9 日
採集場所◆相模湾
水深◆ 1467m
生息環境◆一般的な深海底

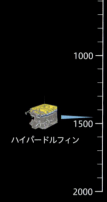

胃の壁が赤い理由は？
クロカムリクラゲ

学名 ◆ *Periphylla periphylla*

分類 ◆ 刺胞動物門鉢虫綱カムリクラゲ目クロカムリクラゲ科クロカムリクラゲ属

クロカムリクラゲは、北極海と日本海をのぞく世界中の深海に生息しています。南極海とノルウェーのフィヨルドでは浅い層でも海水が冷たくなるので、海面近くにも分布しています。海域や成長段階によって体の色や形はちがいますが、胃の壁はつねに褐色。深海では赤い光が届かなくなるので、食べた発光生物の光がもれて、捕食者に見つかることがないようにしていると考えられています。

（解説・撮影・同定：ドゥーグル・J・リンズィー）

採集日 ◆ 2004 年 9 月 21 日
採集場所 ◆ 相模湾
水深 ◆ 0 〜 506m
生息環境 ◆ 中・深層

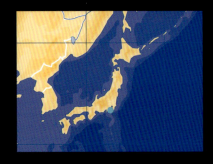

姿はこんなにちがっても、世界中に同じ種がいる
フカミクラゲ

学名◆ *Pantachogon haeckeli*

分類◆刺胞動物門ヒドロ虫綱硬クラゲ目イチメガサクラゲ科フカミクラゲ属

この4枚の写真はそれぞれ、別の種類のクラゲのように見えませんか？ ここに記した情報は下の個体のもの（サイズは上の左のもの）で、上は2006年に同じ相模湾で採集されたもの。色も形もかなりちがいますが遺伝子を調べた結果、同種で、上が若いとき、下が成長したときの姿だとわかりました。このクラゲは、地中海から南極海、北極海もふくむ世界中の海から発見の報告がたくさんあり、姿は別種のようなのに調べると同種というものが多く、深海のクラゲの多彩さを感じます。

（解説・撮影・同定：ドゥーグル・J・リンズィー）

かいよう

ハイパードルフィン
（スラープガン）

1.0cm

採集日◆ 2006年3月3日
採集場所◆ 相模湾
水深◆ 816m
生息環境◆ 中・深層

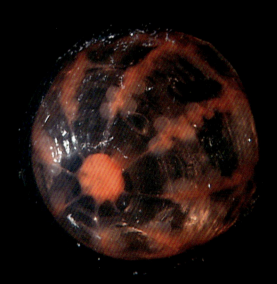

平たい体に光る腹は何のため？
ムネエソモドキ

学名◆ *Sternoptyx pseudobscura*
分類◆脊索動物門条鰭綱ワニトカゲギス目ムネエソ科ムネエソ属

ムネエソモドキは、亜熱帯や熱帯の海の中層に多く生息しています。この仲間は体が平たい形。これは、下から見られたときに、上からふり注ぐ太陽の光によってできる自分の影を小さくするため。さらに、腹側に発光器が並び、上からの光と同じ波長・同じ強さで光ることで、下から見られたときの自分の影を消し、魚をねらう敵から身をまもるためと考えられています。

（解説・撮影・同定：ドゥーグル・J・リンズィー）

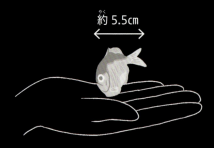

採集日◆ 2005 年 4 月 12 日
採集場所◆相模湾
水深◆不明（調査範囲は水深 0 〜 1018m）
生息環境◆中層域

そりかえった細長いあごの謎
シギウナギ

学名 ◆ *Nemichthys scolopaceus*

分類 ◆ 脊索動物門条鰭綱ウナギ目シギウナギ科シギウナギ属

これはメス。くちばしのように見えるのはあご。メスの両あごは細長く、外側にそりかえり、かみ合わせることができません。あごには小さな歯がたくさんあり、サクラエビなどの触角をからませるようにしてつかまえるのです。そのため、日本ではサクラエビの生息域に多く生息しています。大人のオスは、くちばしは短く、歯もないので、以前は別の種と考えられていました。

（解説・撮影：ドゥーグル・J・リンズィー／同定：Leah A. BERGMAN）

体長 ◆ 約1m

採集日 ◆ 2004年9月23日
採集場所 ◆ 相模湾
水深 ◆ 1000m
生息環境 ◆ 中層域

だれも知らなかった巨大深海魚発見！

ヨコヅナイワシ

学名◆ *Narcetes shonanmaruae*

分類◆脊索動物門条鰭綱セキトリイワシ目セキトリイワシ科クログチイワシ属

駿河湾の最深部から発見され、2021年に新種として報告されたセキトリイワシ科の深海魚です。頭部やうろこはあざやかなライトブルーで、しりビレが背ビレより大きく後方に位置しています。同じ科のなかで最大の種で、さらに栄養段階（食う食われるという生態ピラミッドのなかの上下の関係）が非常に高く、この湾の一番深い場所での「トップ・プレデター(p11)」であることから、「横綱」の和名があたえられました。ベイトカメラ（海底に設置するエサ付きのカメラ）によって、大きな尾ビレで力強く泳ぐ姿が確認されています。

（解説・撮影・同定：藤原義弘）

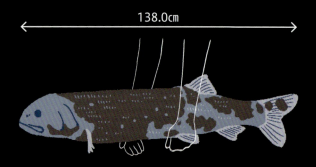

138.0cm

採集日◆2016年2月4日
採集場所◆駿河湾
水深◆2171m
生息環境◆一般的な深海底

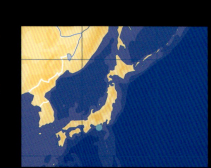

SINKAI Column

新種の巨大トップ・プレデター発見！

2016年、駿河湾で深海調査をおこない、水深2000mを超える深海から、今まで見たこともない姿の巨大魚を4ひきも採集しました。全長122〜138cm、体重は14.8〜24.9kgもある青くかがやくうろこをもつ美しい魚です。研究の結果、新種のトップ・プレデター（p11）」だということがわかりました。これほど大きな魚がまったく知られていなかったことは、大きな驚きでもあり、ほかの海域でもさらなる調査が必要だということが明らかになったのです。

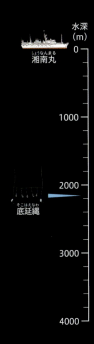

▲ 船にあげられた巨大魚をかかえる藤原博士。はじめて見る美しく巨大なその姿にとても驚いたという。（提供：JAMSTEC）

▲ 何人もの研究者といっしょに、ヨコヅナイワシのサイズやうろこの数などを確認する土田博士（左）。
（提供：JAMSTEC）

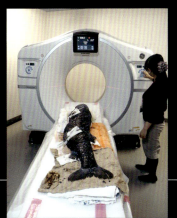

▶ さらに、骨など体の中を調べるため、CTスキャンで撮影した。そのデータからも新種だということがはっきりわかった。（協力：GEヘルスケア・ジャパン、写真提供：JAMSTEC）

▲「沖合海底自然環境保全地域」（p31）での調査から、水深2000m以深にすむ深海固有種として世界最大の硬骨魚類（かたい骨をもつ魚）ということもわかった。（提供：JAMSTEC）

まぶたのような膜がある
ユメザメ

学名 ◆ *Centroscymnus owstonii*
分類 ◆ 脊索動物門軟骨魚綱ツノザメ目オンデンザメ科ユメザメ属

ユメザメには眼をまもるための、まぶたのように見える「瞬膜」という膜があって、それを閉じていると「夢を見ているよう」に見えるので、「ユメザメ」と名づけられました。体は、かたくとがったうろこにおおわれ、真っ黒い体にかがやく大きな眼が印象的です。全長が120cmにもなる深海ザメです。水深500〜1000mに生息し、海底の小動物や小型の魚などを捕食します。

（解説・撮影・同定：藤原義弘）

116.0cm

採集日 ◆ 2015年1月27日
採集場所 ◆ 駿河湾
水深 ◆ 400m
生息環境 ◆ 一般的な深海底

宝石のようにかがやく眼
ヒゲツノザメ

学名 ◆ *Cirrhigaleus barbifer*

分類 ◆ 脊索動物門軟骨魚綱ツノザメ目ツノザメ科ヒゲツノザメ属

西太平洋に生息するツノザメ科の希少種（同じグループの中で生息確認数が少ない種）で、水深100〜795mに生息しています。その名のとおり、背ビレには大きなツノがあり、口もとにはりっぱなヒゲがあるのが特徴です。海底にくらす魚や無脊椎動物（背骨のない動物）をおもなエサとしていると考えられています。ストロボの光を受けてかがやくそのひとみは、宝石のターコイズのようでした。

（解説・撮影・同定：藤原義弘）

採集日 ◆ 2016年1月30日
採集場所 ◆ 駿河湾
水深 ◆ 396m
生息環境 ◆ 一般的な深海底

恐竜の時代に繁栄した「生きた化石」
トリノアシ

学名◆ *Metacrinus rotundus*
分類◆棘皮動物門ウミユリ／海百合綱ゴカクウミユリ目ゴカクウミユリ科 *Metacrinus* 属

植物のように見えますがヒトデやウニなどと同じ棘皮動物。ウミユリの仲間は古生代に出現し、恐竜が繁栄した中生代までは浅い海にもたくさんいましたが、現在は深海底だけに生息している「生きた化石」です。花のように見える「冠部」とそれを支える茎があり、冠部には約50本の腕があり、そのつけ根近くに口と肛門があります。ふだんは海底に固着していますが、腕をつかって茎を引きずりながら移動することもあります。

（解説・撮影・同定：藤原義弘）

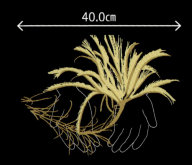

40.0cm

採集日◆不明
採集場所◆東京湾
水深◆不明
生息環境◆一般的な深海底

Chapter 2

新青丸

東北地方の海へ

関東地方から太平洋側を福島県、宮城県、岩手県と北上してみましょう。東北の海は、南からは黒潮が流れこみ、北からは親潮が流れるゆたかな海です。深海にもたくさんの生きものが生息しています。2011年に起きた東日本大震災の影響で、海も大きな被害を受けましたが、その状況を調べて漁業をまもる活動（p51）もおこなわれています。

クラムボン

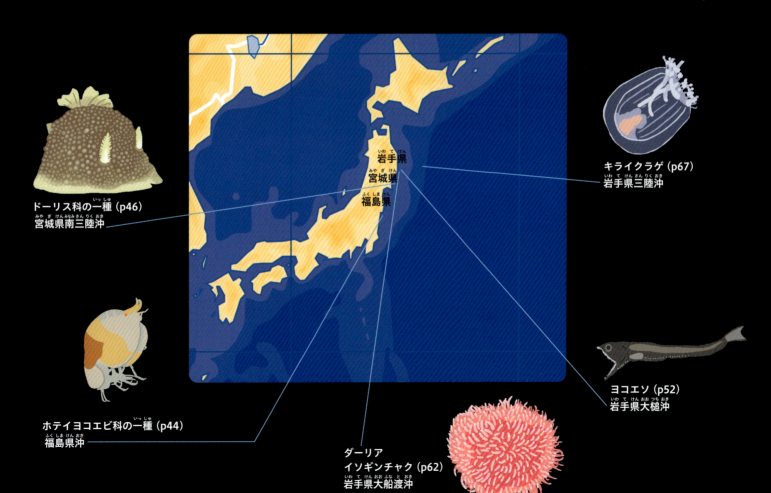

ドーリス科の一種 (p46)
宮城県南三陸沖

キライクラゲ (p67)
岩手県三陸沖

ホテイヨコエビ科の一種 (p44)
福島県沖

ダーリア
イソギンチャク (p62)
岩手県大船渡沖

ヨコエソ (p52)
岩手県大槌沖

ずんぐり体形にイチゴの瞳
ホテイヨコエビ科の一種

学名◆ Cyproideidae gen. sp.
分類◆節足動物門軟甲綱端脚目ホテイヨコエビ科

ホテイヨコエビの仲間は海底でくらし、底にすむサンゴやカイメン（p77）、ウミユリ（p42）などの生物の上にすんでいます。これは、クモヒトデの仲間を水中そうじ機（スラープガン）で吸引したとき、いっしょに採集されました。浅い海のホテイヨコエビは、ずんぐりとした体形とあざやかな体色でダイバーに人気ですが、この種については、くわしい生態は、まだまったくわかっていません。

（解説・撮影：藤原義弘／同定：有山啓之）

採集日◆ 2015年5月18日
採集場所◆ 福島県沖
水深◆ 212m
生息環境◆ 一般的な深海底

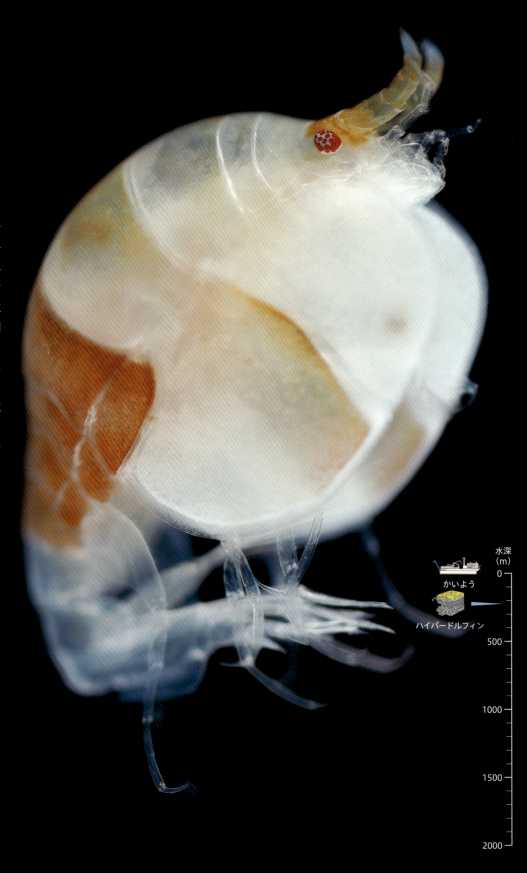

深海底に赤いふとんのような大群集！
フトヒゲソコエビ上科の一種

学名 ◆ Lysianassoidea sp.

分類 ◆ 節足動物門軟甲綱端脚目フトヒゲソコエビ上科

無人探査機で海底を探索していると、泥のくぼ地に、赤いふとんのようなものを発見しました。それは小さなつぶつぶがうごめくように集合した生物の大群集で、スラープガンで採集すると写真のようなヨコエビでした。たぶん、生物の死がいなどの有機物にむらがっていたと思われますが、せまい場所で奥まで装置が届かず、十分に採集ができませんでした。いまだに、何に集まっていたのかなど、くわしい状況は不明です。

（解説・撮影：土田真二／同定：小川 洋）

採集日 ◆ 2017年2月14日
採集場所 ◆ 福島県沖
水深 ◆ 141m
生息環境 ◆ 一般的な深海底

モミの木のような触角がユニーク
ドーリス科の一種

学名 ◆ Dorididae gen. sp.

分類 ◆ 軟体動物門腹足綱裸鰓目ドーリス科

ゼウシア属の一種（p58）や、裸鰓目の一種（p122）と同じウミウシの仲間です。ウミウシはいろいろな姿のものがいて、浅い海の岩場などにはカラフルなものもいますが、このウミウシは深海にすみ、とてもユニークな姿をしています。2本の黄色いモミの木のように見えるものは触角で、こちらが頭。後ろのフリルのようなひらひらは呼吸をするためのエラ。体は、イボ状の突起におおわれています。

（解説・撮影：藤原義弘／同定：奥谷喬司）

採集日 ◆ 2015年11月12日
採集場所 ◆ 宮城県南三陸沖
水深 ◆ 290m
生息環境 ◆ 一般的な深海底

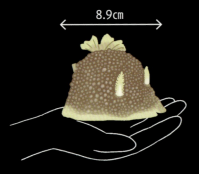

8.9cm

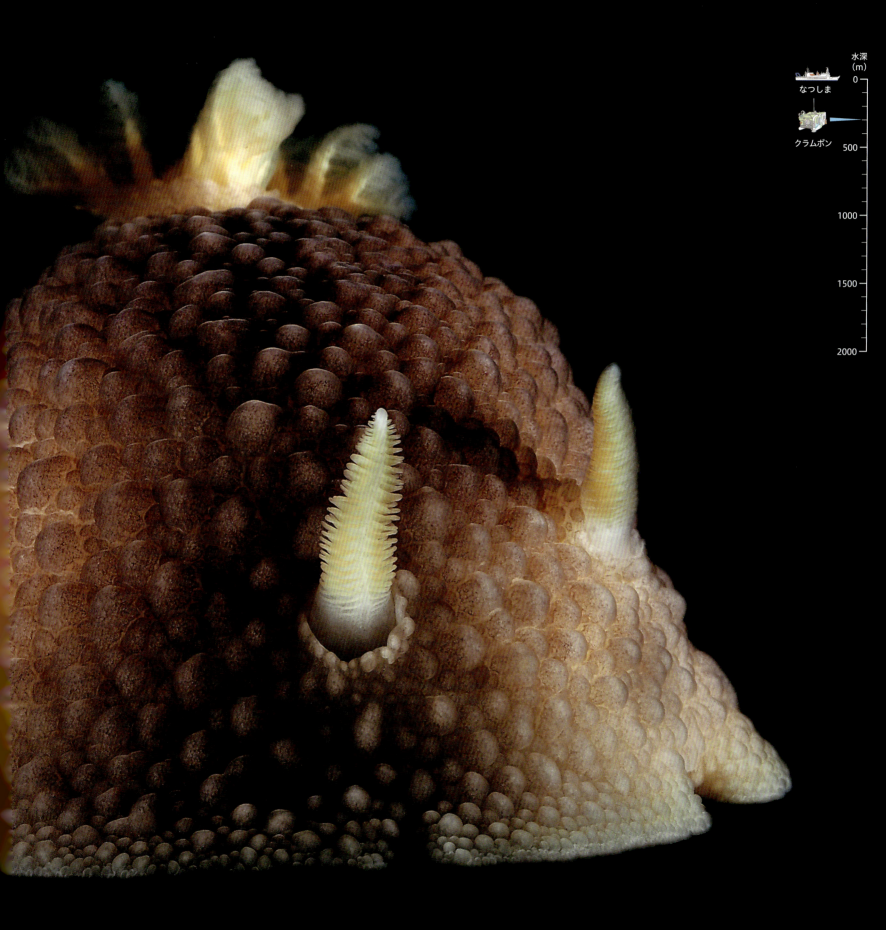

「パラサイト」ではなく「スカベンジャー」
コンゴウアナゴ

学名◆ *Simenchelys parasitica*
分類◆脊索動物門条鰭綱ウナギ目ホラアナゴ科コンゴウアナゴ属

これはまだ幼体で、成体になると60cmほどになるアナゴの仲間です。クジラ（p9,73）などの大きな生物の遺がいがあると、それをおおいつくすほどの大群で集まり、内部にまで潜りこんで食べます。もとは生物の体内から見つかり寄生生物と思われたため、学名に「寄生（パラサイト）」の意味の「*parasitica*」がついていますが、じつは深海の「腐肉食者（スカベンジャー）」なのです。

（解説・撮影・同定：土田真二）

採集日◆ 2017年2月22日
採集場所◆ 宮城県牡鹿半島沖
水深◆ 800m
生息環境◆ 海底付近

つぶらな瞳に、しま模様
ヨコスジクロゲンゲ

学名 ◆ *Lycodes hubbsi*
分類 ◆ 脊索動物門条鰭綱スズキ目ゲンゲ科マユガジ属

ゲンゲの仲間は、おもに北半球の深海に多く生息します。ヨコスジクロゲンゲは、体の横にすじが入っているのが名の由来です。福島県より北の砂や泥の多い深海底に多く見られます。全長40cmほどに成長しますが、写真の個体は小型のものです。同じ属で大型のタナカゲンゲは食用として流通しています。

（解説・撮影・同定：藤原義弘）

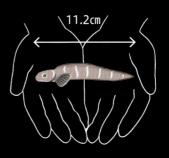

新青丸

ハイパードルフィン

採集日 ◆ 2017年2月16日
採集場所 ◆ 宮城県南三陸沖
水深 ◆ 608m
生息環境 ◆ 一般的な深海底

細長いけれどダンゴムシの仲間
ホソウミナナフシ科の一種

学名 ◆ Leptanthuridae gen. sp.
分類 ◆ 節足動物門軟甲綱等脚目ホソウミナナフシ科

ダンゴムシやダイオウグソクムシ（p118）などと同じ等脚類ですが、等脚類としては体がとても細長く、全長は体のはばの15倍以上もあります。頭部の下には、するどいカマの形をしたはさみがあります。深海底の泥を採取したときにぐうぜん採集されました。ふだんは深海底の泥の上に生息しているとおもわれます。動きは全体に遅く、ゆっくりとあしを動かしながら歩きます。

（解説・撮影：土田真二／同定：白木祥貴）

水深(m) / かいよう / ハイパードルフィン / 0 / 500 / 1000 / 1500 / 2000

2.0cm

採集日 ◆ 2015年5月8日
採集場所 ◆ 宮城県仙台湾沖
水深 ◆ 450m
生息環境 ◆ 海底の泥

巨大地震の爪あと

2011年3月11日に発生した「東北地方太平洋沖地震」は、マグニチュード9.0という巨大地震で、東北地方を中心に大きな被害がありました。
JAMSTECでは、大学や研究所などと協力して被災地の深海調査をおこないました。海底の状況を確認し、データをまとめ、漁業への影響をへらすための情報を提供しました。

▶これは、2011年8月に有人潜水調査船「しんかい6500」によって水深5352mで撮影された海底の亀裂。3月11日の地震か、その後の余震で生じたとおもわれるもので、はばも深さも約1m あり、少なくとも距離が約80m続いていた。地震の大きさがわかる。 (提供：JAMSTEC)

▲その後の調査で投入された小型無人探査機「クラムボン」。宮沢賢治の童話「やまなし」に登場する言葉からつけられた名だ。デジタルカメラやロボットアームなどをそなえ、海底のようすを記録し、試料を回収することができる。 (提供：JAMSTEC)

▲海底のがれき。車のバンパーなどが見える。このほかにも、流木や船など、大きながれきも見つかった。 (提供：JAMSTEC)

ヨコエソ

学名 ◆ *Sigmops gracilis*

分類 ◆ 脊索動物門条鰭綱ワニトカゲギス目ヨコエソ科ヨコエソ属

このヨコエソは 7.5cm と小さいですが、大きいものでも 15cm ほどにしかならない小型の魚です。「ハイパードルフィン」のスラープガンで採集してすぐに撮影したので、金属のような光沢があり、とても美しくかがやいています。体側や腹部に弱く光る発光器があり、敵が下から見たときに自分の姿を見えにくくする作用があると考えられています。このことを「カウンター・イルミネーション」とよびます。ヨコエソの仲間は世界中の海に生息しています。

（解説・撮影・同定：藤原義弘）

採集日 ◆ 2016 年 3 月 10 日
採集場所 ◆ 岩手県大槌沖
水深 ◆ 470m
生息環境 ◆ 中層域

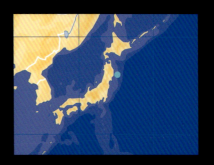

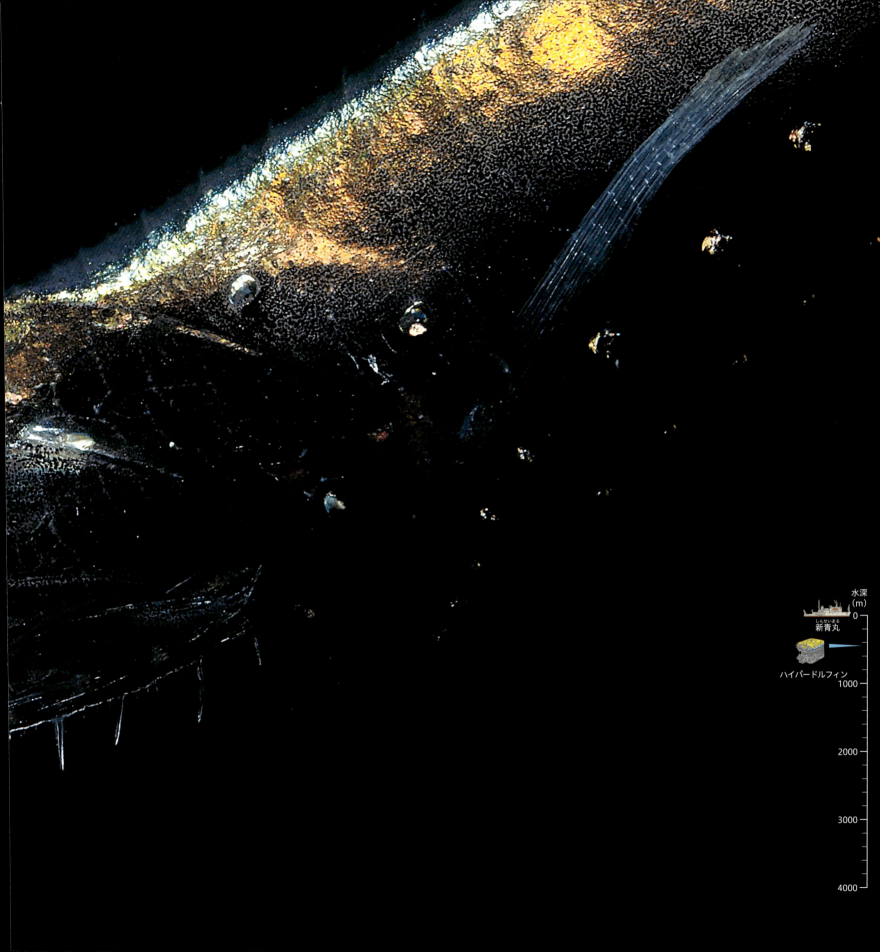

食べたものが透けて見えている
隠足目の一種

学名◆ *Eupyrgus* sp.
分類◆ 棘皮動物門ナマコ／海鼠綱隠足目 Eupyrgidae 科 *Eupyrgus* 属

深海底は基本的にやわらかな堆積物でおおわれているため、泥から栄養をとるナマコにとって、すみやすい環境です。そこにはセンジュナマコ（p57）やエボシナマコ（p22,120）など大型になる種もいますが、それらとくらべると、このナマコはとても小さいです。左下が口。口のまわりに触手があり、これで海底の堆積物を口にはこんで栄養にしています。よく見ると小さい体の中に食べたものが透けて見えています。

（解説・撮影：藤原義弘／同定：小川晟人）

採集日◆ 2018 年 6 月 6 日
採集場所◆ 岩手県大槌沖
水深◆ 386m
生息環境◆ 一般的な深海底

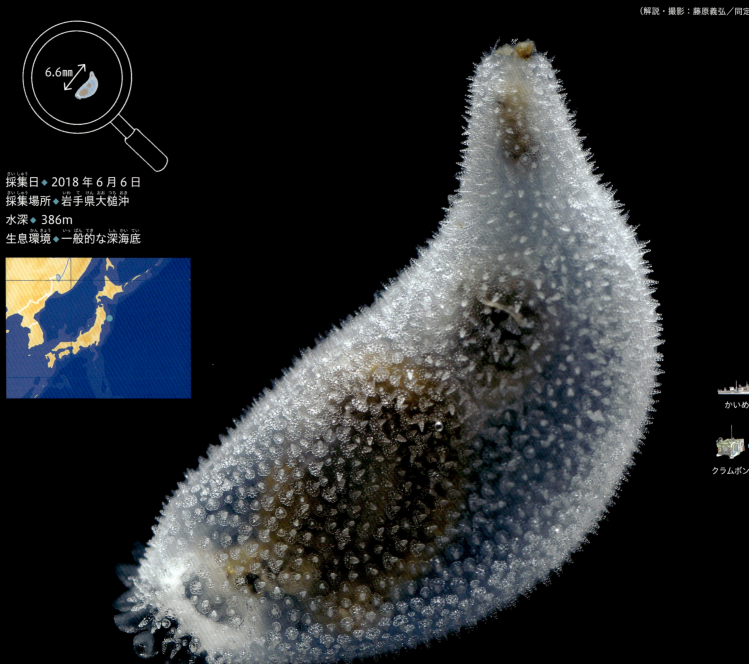

木の枝のような触手
マツカサキンコ属の一種

学名 ◆ *Psolus sp.*

分類 ◆ 棘皮動物門ナマコ／海鼠綱樹手目マツカサキンコ／ジイガセキンコ科マツカサキンコ属

松かさから枯れ木が生えたような姿をしていますが、これもナマコの仲間。ナマコははい回るイメージがあるかもしれませんが、このナマコは海底の岩やがけなどに付着している姿をよく見かけます。木の枝のようにひろがっているのは触手で、そのつけ根に口があり、触手をひろげて水中にただよっている食べものをとらえます。

（解説・撮影：藤原義弘／同定：小川晟人）

約 3.4cm

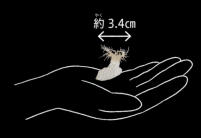

採集日 ◆ 2014 年 7 月 23 日
採集場所 ◆ 岩手県釜石沖
水深 ◆ 576m
生息環境 ◆ 一般的な深海底のがけ

水深 (m)
なつしま — 0
ハイパードルフィン — 500
1000
1500
2000

光沢のある表皮が美しい
チヒロダコ属の一種

学名 ◆ *Benthoctopus* sp.
分類 ◆ 軟体動物門頭足綱タコ目マダコ科チヒロダコ属

東北の復興を目的としたプロジェクト（p51）の航海でおこなった深海調査で出あった深海性のタコの仲間です。このグループのタコは全世界に分布していて、おもに海底に生息しています。浅い海のタコは墨をはいて敵から逃げますが、この仲間は墨をもっていないものが多いです。真っ暗な中で黒い墨をはいても意味がないからでしょう。ダイオウイカをおもわせる表皮の光沢がきれいでした。

（解説・撮影：藤原義弘／同定：奥谷喬司）

水深(m)
第三開洋丸
クラムボン

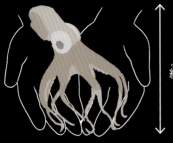
約 18.4cm

採集日 ◆ 2013年7月1日
採集場所 ◆ 岩手県釜石沖
水深 ◆ 474m
生息環境 ◆ 一般的な深海底

小さな生物たちのすみかでもある
センジュナマコ

学名◆ *Scotoplanes globosa*
分類◆ 棘皮動物門ナマコ／海鼠綱板足目クマナマコ科センジュナマコ属

背中の大きな突起（いぼ足）が特徴のナマコ。手がたくさんある千手観音にちなんで名づけられましたが、じっさいは背中のいぼ足は6本、腹側の管足は10〜14本、口のまわりの触手は10本で、千手にはほど遠いです。砂や泥のある海底にすみ、堆積物の中の有機物を泥といっしょにのみこんで栄養にします。このような場所にすむ生物は、それ自体がほかの生物のすみかとなることが多く、この個体にもたくさんのワレカラの仲間（p33）がくらしていました。

（解説・撮影・同定：藤原義弘）

採集日◆ 2013年10月18日
採集場所◆ 岩手県釜石海底谷
水深◆ 1157m
生息環境◆ 一般的な砂泥底

赤いかわいいルームシューズ？

ゼウシア属の一種

学名 ◆ *Zeusia herculea*

分類 ◆ 軟体動物門腹足綱裸鰓目オオミノウミウシ科ゼウシア属

オオミノウミウシ科の一種で、頭（右）と背はきれいな赤色、体の側面は赤から乳白色のたくさんのひだでおおわれていて、赤いルームシューズのような姿です。ウミウシの仲間は体がやわらかく、採集後に標本として固定すると色や形が変わってしまうので、生きているときの情報はとても貴重です。このときは、海底の泥の上でほとんど動かずにいるところを採集したので、泥にふくまれる有機物を摂取している可能性があります。

（解説・撮影：土田真二／同定：Alexander Martynov）

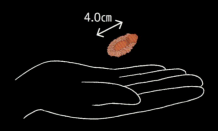

採集日 ◆ 2017年7月20日
採集場所 ◆ 宮城県気仙沼沖
水深 ◆ 603m
生息環境 ◆ 一般的な深海底

消化器官はあしの中にまで！
ベニオオウミグモ

学名◆ *Colossendeis colossea*
分類◆節足動物門ウミグモ綱ウミグモ目オオウミグモ科オオウミグモ属

ウミグモの仲間は昆虫などと同じ節足動物。からだ（胴部）に対して大きな8本のあしをもち、消化器官や繁殖にかかわる生殖腺は胴部から枝分かれしてあしの先にまで入りこんでいます。あしをひろげた大きさが1〜2cmほどの種が多いのですが、ベニオオウミグモは40cmを超えるものもいる大型種。生態についてはほとんどわかっていませんが、このときは、あしを1、2本ずつわずかに動かしながらゆっくりと移動していました。

（解説・撮影・同定：土田真二）

採集日◆ 2019年7月26日
採集場所◆ 岩手県釜石沖
水深◆ 564m
生息環境◆ 一般的な深海底

← 30.0cm →

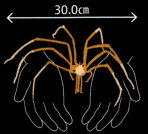

「キンキ」ともよばれる高級魚
キチジ

学名 ◆ *Sebastolobus macrochir*

分類 ◆ 脊索動物門条鰭綱スズキ目メバル科キチジ属

カサゴの仲間で、全身が赤みをおび、背ビレに黒いはん点があるのが特徴です。「キンキ」ともよばれ、北日本を代表する高級魚のひとつです。駿河湾より北の太平洋岸、千島、サハリン周辺の水深約150～1200mに生息します。三陸沖では、泥の多い海底に多く生息し、外敵が少ないのか、「ハイパードルフィン」で近づいても逃げようとしません。クモヒトデや小型の甲殻類を捕食し、十数年生きると考えられています。

（解説・撮影・同定：土田真二）

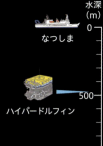

水深(m)
なつしま 0
ハイパードルフィン 500
1000
1500
2000

採集日◆2014年7月4日
採集場所◆岩手県釜石沖
水深◆477m
生息環境◆一般的な深海底

SINKAI Column

日本海の深海のゆたかな恵み

日本のまわりの海は、面積では全世界のわずか1.5パーセントほどですが、海の全生物種の14.6パーセントもが生息しているともいわれているゆたかな海です。日本は南北に長く、北と南から冷たい海流とあたたかい海流が流れこみ、さらに海山や海溝といった複雑な地形も多いことから、多様な生物がいると考えられています。そして、日本海では、ベニズワイガニやハタハタ、ホタルイカやスルメイカなどさまざまな海の幸がとれます。

▲ 日本海、島根県沖隠岐海嶺の水深1595mの海底で群れるベニズワイガニ。ズワイガニは水深200〜600mにいるが、ベニズワイガニは、500〜2500mというより深い海にいる。
（提供：JAMSTEC）

▶北海道の日本海にある奥尻海嶺の海山の海底、水深981mにいたマッコウタコイカ。マッコウクジラの胃から発見され、成体になると腕が2本へってタコのように8本になることからつけられた名。
（提供：JAMSTEC）

刺激を受けると触手を自切!!
ダーリア イソギンチャク

学名 ◆ *Liponema brevicorne*

分類 ◆ 刺胞動物門花虫綱イソギンチャク目ダーリアイソギンチャク科 *Liponema* 属

イソギンチャクは、サンゴやクラゲの仲間です。海岸では、岩などにしっかり付着して触手をひろげ、小さな魚やプランクトンなどを食べるものが多いです。深海にすむこのイソギンチャクは、岩などに付着せず、やわらかな堆積物の上で、流されて転がる姿が観察されています。触手が届く範囲の獲物を手当たり次第に食べますが、刺激を受けると触手を自切します。

（解説・撮影・同定：藤原義弘）

採集日 ◆ 2019年8月2日
採集場所 ◆ 岩手県大船渡沖
水深 ◆ 307m
生息環境 ◆ 一般的な深海底

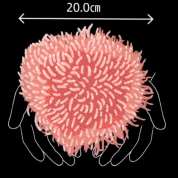

20.0cm

赤と白のコントラストが美しい小さなヒトデ
ヒメヒトデ属の一種

学名◆ *Henricia kinkasana*

分類◆棘皮動物門ヒトデ／海星綱ヒメヒトデ／ルソンヒトデ目ヒメヒトデ／ルソンヒトデ科ヒメヒトデ属

体の中央からひろがるあざやかな赤色と腕の先の白色のコントラストが美しい。この種の食性は不明ですが、同じヒメヒトデ属には、海中にただようものをろ過して食べるもの、カイメンやサンゴの仲間などを捕食するもの、魚の死がいや泥の中の有機物を食べるものなどさまざまです。このヒトデは、1940年に、宮城県石巻市の太平洋に浮かぶ島、金華山の沖で採集された個体をもとに新種として記載されたので、学名は「kinkasana」。

（解説・撮影：藤原義弘／同定：小林 格）

採集日◆2019年7月16日
採集場所◆岩手県大船渡沖
水深◆262m
生息環境◆一般的な深海底

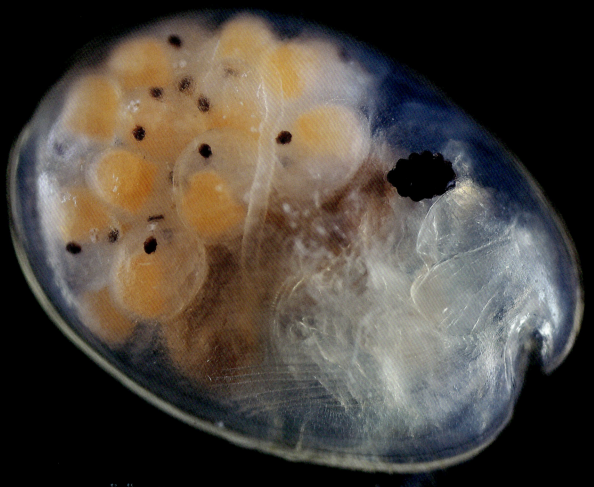

卵をかかえた貝のような節足動物

ウミホタル科の一種

学名◆ Cypridinidae gen. sp.
分類◆節足動物門貝形虫綱ミオドコピダ目ウミホタル科

波打ちぎわで青く光るウミホタルと同じ貝形虫の仲間です。二枚貝のように全身がカラでおおわれていますが、貝ではなくエビやカニと同じ節足動物。触角やあしをカラのすき間から出し入れします。カラの中の丸いオレンジ色のつぶは卵で、カラの中でふ化します。黒い点は眼。卵のまわりに寄生性のカクレヤドリムシの仲間が動き回っていました。

（解説・写真：藤原義弘／同定：田中隼人）

採集日◆ 2013年10月16日
採集場所◆岩手県宮古沖
水深◆ 442m
生息環境◆一般的な深海底付近（近底層）

青い卵をしっぽにぶらさげて泳ぐ母

ユウキータ属の一種

学名 ◆ *Euchaeta marina*

分類 ◆ 節足動物門顎脚綱カラヌス目ユウキータ科ユウキータ属

海の中には、カイアシ類とよばれる小さな甲殻類がとてもたくさんいます。大きさはどれも数mmほど。とても小さいため、ヒトが食料にすることはありませんが、多くの魚たちは彼らを食べて育っているので、「海のお米」ともよばれます。一部のカイアシ類は、卵がふ化するまで、メスが卵のかたまりを体に付着させています。卵の色はさまざま。この母親はあざやかな青い卵を20個ほど付着させていました。

（解説・写真：藤原義弘／同定：山口篤）

採集日 ◆ 2014年10月2日
採集場所 ◆ 岩手県三陸沖
水深 ◆ 推定650m
生息環境 ◆ 中層域

20.0cm

採集日 ◆ 2002年5月3日
採集場所 ◆ 岩手県三陸沖
水深 ◆ 746m
生息環境 ◆ 中層

さかさまに浮いて待ちぶせる「機雷」
キライクラゲ

学名 ◆ *Calycopsis nematophora*

分類 ◆ 刺胞動物門ヒドロ虫綱花クラゲ目スグリクラゲ科キライクラゲ属

あまり泳がず待ちぶせしてさかさまに浮き、エサとなるカイアシ類（p65）などが近づくと、長い触手（右上）でつかまえ、カサの中にある胃へ追いこみます。うまく入ったら触手をカサの中に入れて逃げられないようにし、長い触手で胃まではこびます。名の由来は、待ちぶせして潜水艦や船が近づくと爆発する「機雷」です。深海で捕獲したこの個体は1か月間の飼育観察に成功しました。

（解説・撮影・同定：ドゥーグル・J・リンズィー）

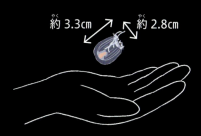
約3.3cm　約2.8cm

採集日 ◆ 2002年4月25日
採集場所 ◆ 岩手県三陸沖
水深 ◆ 400m
生息環境 ◆ 表層から中層の冷水域

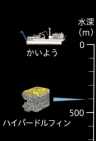

水深(m)
かいよう — 0
ハイパードルフィン — 500
1000
1500
2000

SINKAI Column

北海道の深海には

北海道は、西を日本海、北をオホーツク海、南東を太平洋にかこまれ、それぞれの海流の影響を受けています。海域によってもちがいがありますが、さまざまな深海生物が生息しています。北海道を代表する魚スケトウダラや、高級魚のキチジ (p60)、さらに、クリオネやその仲間であるハダカカメガイの仲間 (p126)、テマリクラゲやウミユリの仲間 (p42)、コウモリダコなども採集されます。

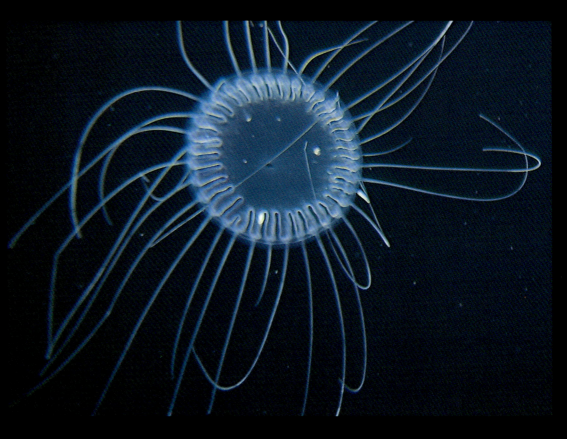

▶カッパクラゲ属の一種。2004年10月7日、北海道の太平洋側、道東沖の水深1252mで撮影された。30本くらいの触手をもち、カサの中で子育てをする。
（提供：JAMSTEC）

◀ユビアシクラゲ。カッパクラゲ属の一種が撮影されたのと同じ日に撮影された。あしが指のように太いことからつけられた名だ。
（提供：JAMSTEC）

▼コブシカジカ属の一種。こちらは2012年3月9日に日本海側で撮影された。体形が「こぶし（げんこつ）」のように丸みがあることからつけられた名。海底にいる。
（提供：JAMSTEC）

Chapter 3
九州地方から沖縄と南西諸島の海へ

なつしま

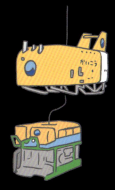
かいこう

ここからは、南下してあたたかい海に潜ってみましょう。鹿児島県野間岬沖は、「皇帝」の名をもらったコトクラゲが採集され、鯨骨生物群集などの研究もすすめられている場所。南西諸島海溝は、九州から台湾までつながる島々の東側の深い溝。沖縄トラフ伊是名海穴は、1988年に熱水噴出孔が発見された場所です。

ゴエモンコシオリエビ (p81)
沖縄トラフ伊是名海穴

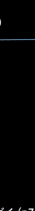
アシナガサラチョウジガイ (p76)
南西諸島海溝

コトクラゲ (p70)
鹿児島県野間岬沖

ハダカエボシ科の一種 (p71)
鹿児島県野間岬沖

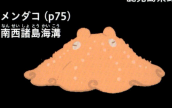
メンダコ (p75)
南西諸島海溝

なぜ、学名が「imperatoris（皇帝）」なのか？
コトクラゲ

学名 ◆ *Lyrocteis imperatoris*

分類 ◆ 有櫛動物門有触手綱クシヒラムシ目コトクラゲ科コトクラゲ属

たて琴のような形をしたクシクラゲの仲間です。クシクラゲはクラゲとはまったく別のグループの生物。コトクラゲは下に口があり、海底の石やカイメン（p77）などの動物にくっついて、触手（左から出ている白いもの）をたなびかせ、流れてくるプランクトンをからめとって食べます。学名の「imperatoris」は「皇帝」の意。コトクラゲの第一発見者である昭和天皇にちなんだ名です。

（解説・撮影・同定：藤原義弘）

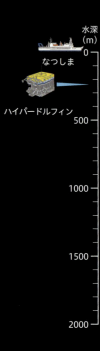

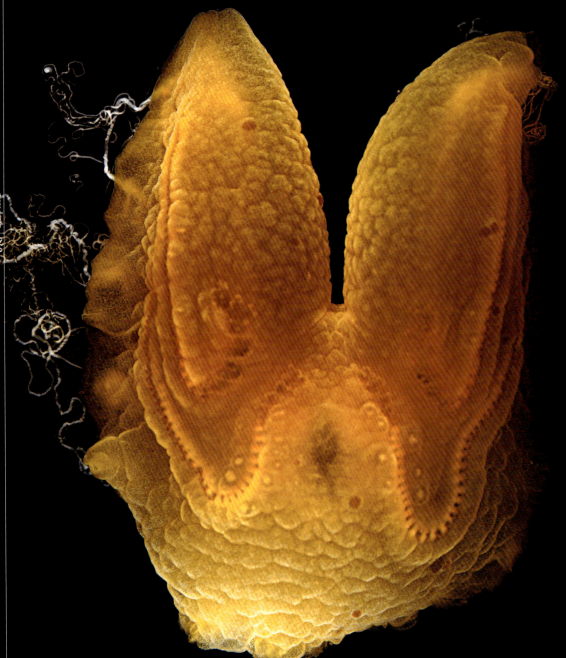

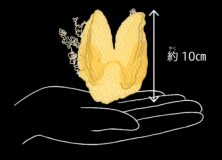

約10cm

採集日 ◆ 2005年7月27日
採集場所 ◆ 鹿児島県野間岬沖
水深 ◆ 229m
生息環境 ◆ 一般的な深海底

有毒ガスからつくられる有機物をキャッチ
ハダカエボシ科の一種

学名◆ Heteralepadidae gen.
分類◆節足動物門顎脚綱 Lepadiformes 目ハダカエボシ科 Heteralepas 属

貝がらに付着したハダカエボシ科の一種。上部に大きくひろげているものは「蔓脚」とよばれるあしで、海水中の粒子やプランクトンをこし取って食べます。貝がらのぬしは海底に沈んだクジラの骨（p9,73）に付着しているヒラノマクラという二枚貝です。骨がくさって硫化水素というヒトにとっては有害な物質がわき出す環境でくらしています。このような環境は多くの生物にとってはすみやすい場所ではありませんが、硫化水素などを利用して細菌が大増殖するため、ハダカエボシのエサも豊富なのです。　　（解説・撮影・同定：藤原義弘）

約 1.5cm

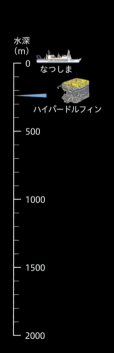

採集日◆ 2007 年 6 月 8 日
採集場所◆鹿児島県野間岬沖
水深◆ 227m
生息環境◆海底に沈んだ鯨骨遺がい周辺

わたしたち脊椎動物の祖先形の生物発見
ゲイコツナメクジウオ

学名 ◆ *Asymmetron inferum*

分類 ◆ 脊索動物門ナメクジウオ綱ナメクジウオ目ナメクジウオ科オナガナメクジウオ属

ナメクジウオの仲間は、背骨のない動物のなかで、わたしたち脊椎動物がもつ背骨に近い「脊索」をもつ動物。脊椎のない動物のなかでは、もっとも脊椎動物に近い動物です。ほかのナメクジウオは浅くてきれいな水の砂の中にいますが、ゲイコツナメクジウオは2003年、鹿児島県野間岬沖の深海底で、くさったクジラの骨（p9,73）のまわりで発見されました。研究の結果、ナメクジウオのなかでも系統の古いタイプと判明しています。

（解説・撮影・同定：藤原義弘）

採集日 ◆ 2008年8月9日
採集場所 ◆ 鹿児島県野間岬沖
水深 ◆ 227m
生息環境 ◆ 海底に沈んだ鯨骨遺がい周辺

約 2cm

SINKAI Column

クジラの骨に集まるものたち

1987年に、世界ではじめて深海でクジラの骨にたくさんの生物が集まる「鯨骨生物群集」が発見（p9）されてから、日本の小笠原諸島での発見など、世界各地で発見があり、死んだクジラを海底に沈めて観察する研究もすすめられました。さらに、2013年、「しんかい6500」による南大西洋初となる有人潜航調査がおこなわれ、水深4204mの海底から世界最深の鯨骨生物群集が発見されました。

▲ 南太平洋ブラジル沖で発見された鯨骨生物群集。ここから、新種とおもわれる41種もの生物が採集され、さらに研究がすすめられた。
（提供：JAMSTEC）

▼ 2011年、相模湾初島沖の水深923mにあるクジラの骨から採集されたムンナ科の一種。ダイオウグソクムシ（p118）と同じ等脚目に属しているが、頭から尾までが7.1mmと小さく、あしには長く大きなツメがあるなど形は大きくちがう。クジラの骨のまわりにマット状にひろがるバクテリアマットを食べる姿も確認された。
（解説・撮影・同定：藤原義弘）

◀ ヤリボヘラムシ。こちらは2013年、相模湾の水深491mに、研究のために沈めたクジラの骨の周辺で採集された。頭の前側面に小さな眼があり、こちらも全長は約1.3cmと小さい。これも等脚目の一種。ふだんは海底の泥の中でくらしている。
（解説・撮影・同定：藤原義弘）

調査中、ひょっこりあらわれた小さなタコ
マダコ属の一種

学名◆ *Octopus* sp.

分類◆軟体動物門頭足綱タコ目マダコ科マダコ属

深海には、流木が沈むことがあります。するとクジラの骨（p9,73）ほどではありませんが、わずかに硫化水素が発生します。そこにどのような生物が集まるのかを調べるため、海底に木材を長期間置いてみました。その木材を無人探査機で回収し、船上の水槽に移して付着している生物の観察をはじめました。すると、この小さなタコがひょっこりと顔を出したのです。全身に散りばめられたオレンジ色の斑紋が美しい個体です。

（解説・撮影：藤原義弘／同定：奥谷喬司）

採集日◆2010年4月21日
採集場所◆南西諸島海溝

水深◆502m
生息環境◆一般的な深海底

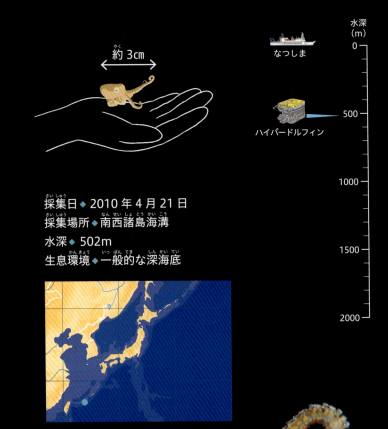

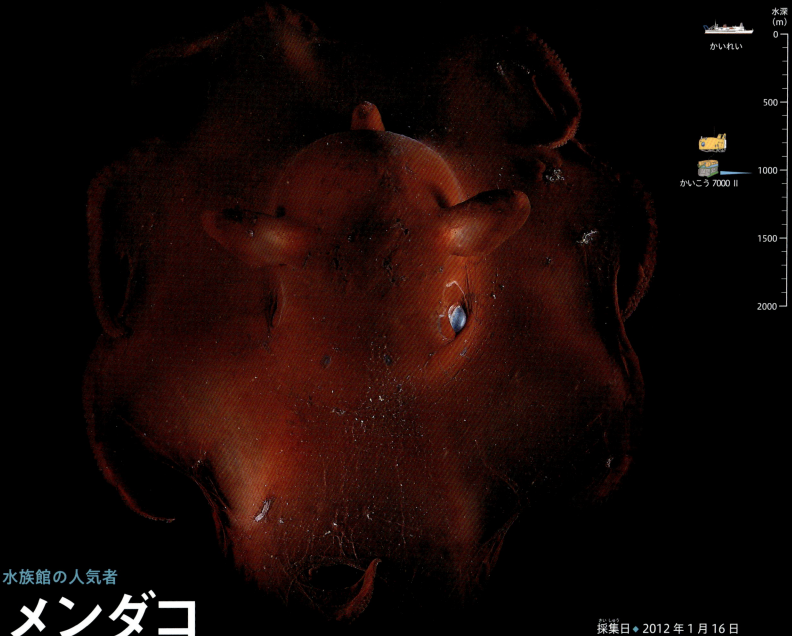

水族館の人気者
メンダコ

学名 ◆ *Opisthoteuthis depressa*
分類 ◆ 軟体動物門頭足綱タコ目メンダコ科メンダコ属

上から押しつぶしたような体形、あしの間に膜があり、胴体からつき出た耳のようなヒレ、独特な形で人気のあるタコの一種です。ヒレをパタパタと動かして泳ぐ姿は、とってもユーモラス。水族館で飼育され展示されることがありますが、食性など、その生態はまだよくわかっていないため、長期飼育はむずかしいのが現状です。それでも水族館でふ化した個体もあり、努力が続けられています。

（解説・撮影：藤原義弘／同定：奥谷喬司）

採集日 ◆ 2012年1月16日
採集場所 ◆ 南西諸島海溝
水深 ◆ 1000m
生息環境 ◆ 一般的な深海底

約 20cm

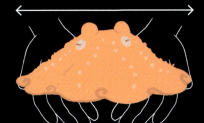

砂にかくれた長い"あし"
アシナガサラチョウジガイ

約 6.5cm

採集日 ◆ 2012年1月20日
採集場所 ◆ 南西諸島海溝
水深 ◆ 500m
生息環境 ◆ 一般的な深海底

学名 ◆ *Stephanocyathus (Acinocyathus) spiniger*
分類 ◆ 刺胞動物門花虫綱イシサンゴ目チョウジガイ科 *Stephanocyathus* 属

発見したときは、あしが海底の堆積物にうまり触手を大きくひろげていたので、このような長いあしがあるとは気づきませんでした。サンゴには、群体でサンゴ礁をつくるものと、このように単体で生きるものがいます。深海生物は、あまりにも環境がちがう地上で飼育するのはとてもむずかしいのですが、このサンゴは飼育しやすく動物性のエサをよく食べます。

（解説・撮影・同定：藤原義弘）

深海にひっそり立つガラスの芸術
六放海綿綱の一種

学名 ◆ Hexactinellida sp.

分類 ◆ 海綿動物門六放海綿綱

深海底にはさまざまな形をしたガラスカイメンがいます。有名なのは、この種に似ているカイロウドウケツで、あみ目状の構造のなかにはドウケツエビという小型のエビ類のオスとメスのペアですんでいます。このエビは小さいときにあみ目のなかに入りこみ、そこで成長して外には出られなくなるといわれています。写真のガラスカイメンのなかにはドウケツエビはいませんでしたが、代わりにゴカイの仲間が1ぴきだけくらしていました。

（解説・撮影・同定：藤原義弘）

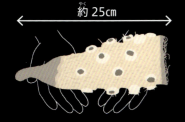

採集日 ◆ 2012年1月15日
採集場所 ◆ 南西諸島海溝
水深 ◆ 1981m
生息環境 ◆ 一般的な深海底

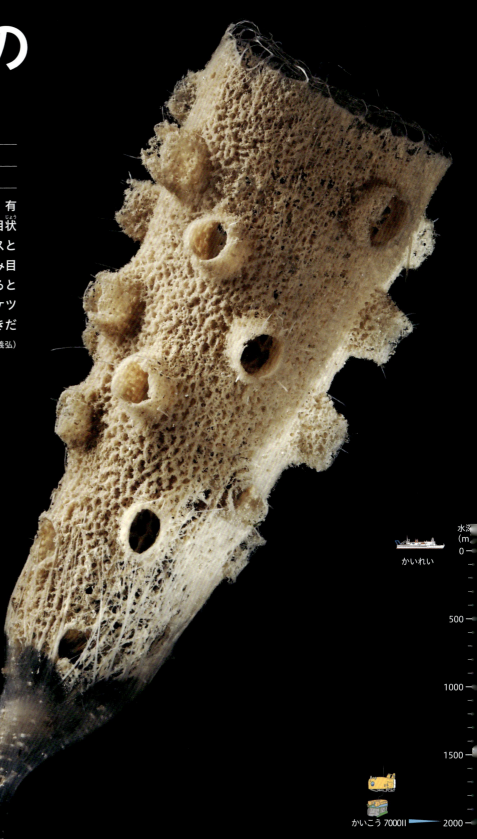

赤と白のコントラストが美しい細長いヤドカリ
カワリオキヤドカリ

学名 ◆ *Tsunogaipagurus chuni*
分類 ◆ 節足動物門軟甲綱十脚目オキヤドカリ科カワリオキヤドカリ属

砂浜などで、巻き貝のカラに入っているヤドカリを見たことがありますか？ そんなヤドカリは、巻き貝に入るため腹部は大きくわん曲しています。ところが、このカワリオキヤドカリは、ツノガイとよばれる細長い貝に入るため、貝がらに合わせて腹部はストレートでとてもスマート。体の赤と白のコントラストがきれいで、真っ赤な眼も印象的。

（解説・撮影：藤原義弘／同定：駒井智幸）

約 3.6cm

採集日 ◆ 2012 年 1 月 20 日
採集場所 ◆ 南西諸島海溝
水深 ◆ 497m
生息環境 ◆ 一般的な深海底

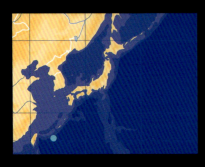

へん平な体形にあざやかな色あい
ヒゲナガチュウコシオリエビ

学名 ◆ *Agononida incerta*

分類 ◆ 節足動物門軟甲綱十脚目チュウコシオリエビ科 *Agononida* 属

南西諸島海溝（p69）には、光の届かない深海とはおもえないほど、カラフルな生物がたくさんいます。また、近い種類の生物が明るいサンゴ礁にいる場合も多く、彼らがどのように進化や分散をしたのか考える上でも興味深い場所です。このコシオリエビも赤褐色と白のコントラストが美しく印象的。同じ種が台湾、フィリピン、西オーストラリアの深海にも生息することが報告されています。

（解説・撮影：藤原義弘／同定：駒井智幸）

採集日 ◆ 2010 年 4 月 21 日
採集場所 ◆ 南西諸島海溝
水深 ◆ 498m
生息環境 ◆ 一般的な深海底

なつしま

ハイパードルフィン

水深(m)

9.2mm

熱水噴出孔に咲くオレンジの花
イトエラゴカイ属の一種

学名◆ *Paralvinella* sp.

分類◆環形動物門多毛綱フサゴカイ目エラゴカイ科イトエラゴカイ属

イトエラゴカイの仲間は、もっとも高温で生きられる動物で、近縁種には、80℃にたえられるものもいます。深海底の熱水噴出孔に巣あなをつくり、羽根かざりのように美しいエラを巣あなの外にひろげているので、熱水噴出孔のまわりには、小さなオレンジ色の花が咲いているように見えます。

（解説・撮影・同定：藤原義弘）

約2cm

採集日◆ 2008年7月2日
採集場所◆沖縄トラフ伊平屋北部海丘
水深◆ 981m
生息環境◆熱水噴出域

猛毒の熱水を使って食料を生産
ゴエモンコシオリエビ

学名 ◆ *Shinkaia crosnieri*

分類 ◆ 節足動物門軟甲綱十脚目コシオリエビ科 *Shinkaia* 属

ゴエモンコシオリエビは、熱水噴出孔のまわりに海底をうめつくすほどたくさん群れています。名の由来は釜ゆでにされたという大泥棒、石川五右衛門。わたしたちは植物が太陽のエネルギーを使ってつくる有機物で生きていますが、ここ熱水噴出域では、細菌が硫化水素などをもとにつくる有機物で生きるものがいます。ゴエモンコシオリエビは、「胸毛」に熱水を当てて、そんな細菌を培養し、すきとって食べています。

（解説・撮影・同定：藤原義弘）

採集日 ◆ 2008 年 7 月 2 日
採集場所 ◆ 沖縄トラフ伊是名海穴
水深 ◆ 1593m
生息環境 ◆ 熱水噴出域

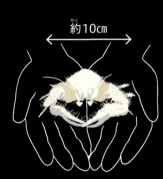
約10cm

SINKAI Column

沈木に生きるものたち

「沈木」とは、文字どおり「沈んだ木」。深海は、生物の少ない世界。木は分解しにくい素材なのですが、深海ではエサが少ないので、沈んできた木であってもいろいろな生物が利用します。沈木をすみかにするものや食べるもの、さらに、沈木を分解するバクテリアを体内に共生させて沈木を栄養にするものまであらわれました。

▲ニホンコツブムシ。鹿児島県沖の水深245mで採集したダンゴムシの仲間。ダンゴムシが落ち葉を食べるように、コツブムシも沈木や海そうなどを食べる。エサの少ない深海では、さまざまな生き方が生まれている。　（解説・撮影・同定：藤原義弘）

◀ストロボの光を受けて美しい色を見せるサシバゴカイ科の一種。全長15cmほど。南西諸島海溝の水深276mから採集された。海底に沈んだ木の中にすむ。　（解説・撮影：藤原義弘／同定：自見直人）

Chapter 4

大東諸島から、九州・パラオ海嶺へ

かいめい

さらに南の海に潜ってみましょう。沖縄諸島の東にある大東諸島は、火山とサンゴ礁が生んだ島々です。沖縄から300km以上はなれ、日本列島とも、沖縄の島々とも陸続きになったことのない島です。九州・パラオ海嶺は、九州から3000kmほどはなれたパラオまでつながる海嶺（p16）です。この海域はまだまだ調査が不足していて、これからの新しい発見が期待されています。

KM-ROV

カブトヒメセミエビ属の一種（p84）
大東諸島南大東島

九州・パラオ海嶺 北高鵬海山
大東諸島

ゴマフウリュウウオ（p97）
九州・パラオ海嶺北高鵬海山

マメヘイケガニ科の一種（p90）
大東諸島南大東島

クダヤギ属の一種（p94）
九州・パラオ海嶺北高鵬海山

ハグルマミズスイ（p104）
九州・パラオ海嶺北高鵬海山

老犬「ヒン」を思いおこさせる
カブトヒメセミエビ属の一種

学名 ◆ *Galearctus* sp.

分類 ◆ 節足動物門軟甲綱十脚目セミエビ科カブトヒメセミエビ属

表情がかわいくて、眼のまわりや、あしの一部をいろどるうす紫色がきれいです。はじめてファインダー越しに見たとき、アニメ映画「ハウルの動く城」に出てくる老犬「ヒン」をおもいおこしました。セミエビの仲間は、体がへん平で厚い甲羅におおわれています。セミエビの仲間のなかで、かなり小さいことから「姫」の名がつきました。

（解説・撮影：藤原義弘／同定：駒井智幸）

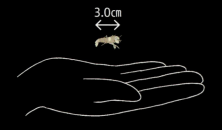

3.0cm

採集日 ◆ 2024年5月9日
採集場所 ◆ 大東諸島南大東島
水深 ◆ 396m
生息環境 ◆ 石灰岩盤

水深(m) / かいめい 0 / トライポッド・ファインダーⅡ 500 / 1000 / 1500 / 2000

大きな貝を背負って元気に動く
ワモンヤドカリ属の一種

学名 ◆ *Ciliopagurus pacificus*
分類 ◆ 節足動物門軟甲綱十脚目ヤドカリ科ワモンヤドカリ属

力強く派手な印象で、深海生物とはおもえない色合いをしています。撮影中も元気によく動き、シャッターチャンスをとらえるのがたいへんでした。この個体は、海底に置いたエサ入りのかご「ベイトトラップ」で採集しました。いろいろな種類の生物を採集するためにしかけたトラップに入ったのは、ほぼすべてヤドカリの仲間だったことからも、この仲間がいかに活発で貪欲なのかがわかります。

（解説・撮影：藤原義弘／同定：駒井智幸）

採集日 ◆ 2024年5月6日
採集場所 ◆ 大東諸島南大東島
水深 ◆ 385m
生息環境 ◆ 石灰岩盤

トワイライトゾーンにくらすあざやかなコシオリエビ
チュウコシオリエビ科の一種

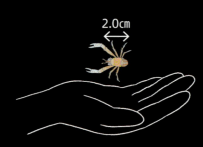
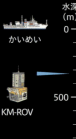

学名 ◆ *Babamunida* sp.
分類 ◆ 節足動物門軟甲綱十脚目チュウコシオリエビ科 *Babamunida* 属

あざやかな配色が目をひくコシオリエビの仲間。深海のなかでもわずかに太陽光が届く「トワイライトゾーン」には色あざやかな生物がたくさんくらしています。この個体もとても派手に見えますが、深海ではとくに赤い色は黒くなって目立たなくなるので、海底ではあんがい地味な色合いなのかもしれません。

（解説・撮影：藤原義弘／同定：駒井智幸）

採集日 ◆ 2024 年 4 月 30 日
採集場所 ◆ 大東諸島南大東島
水深 ◆ 317m
生息環境 ◆ 石灰岩盤

水深430mから釣れた魚に寄生していたのは……
グソクムシ科の一種

学名 ◆ Aegidae gen. sp.
分類 ◆ 節足動物門軟甲綱等脚目グソクムシ科

船から長い釣り糸をたらして釣りをしていたら、チカメエチオピアというシマガツオの仲間が釣れました。そこに寄生していたのが、このグソクムシの一種です。この仲間は、魚類に寄生するグループで、有名なダイオウグソクムシ（p118）とは別の科に属し、全長もダイオウグソクムシとはちがい1cmほど。頭部前端をおおいつくすほど複眼が大きく、体の内部構造が透けています。

（解説・撮影：藤原義弘／同定：下村通誉）

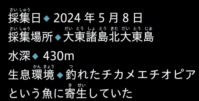

採集日 ◆ 2024年5月8日
採集場所 ◆ 大東諸島北大東島
水深 ◆ 430m
生息環境 ◆ 釣れたチカメエチオピアという魚に寄生していた

きれいな貝から、小さなかわいい眼
イトマキボラ科の一種

学名 ◆ *Latirus* sp.
分類 ◆ 軟体動物門腹足綱吸腔目イトマキボラ科 *Latirus* 属

カラの色も足の色もとてもきれいで、そこからのぞく黒い小さな目がかわいいです。このグループは、あたたかい海にくらすものが多いのですが、くわしい生態は不明です。ただ、このグループには、ほかの動物を襲って食べたり、くさった肉を食べたりするものがたくさんいます。

採集日 ◆ 2024年5月6日
採集場所 ◆ 大東諸島南大東島
水深 ◆ 455m
生息環境 ◆ 石灰岩盤

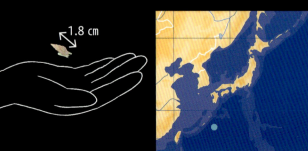

（解説・撮影：藤原義弘／同定：奥谷喬司）

小さいけれど
意外なスピードで動く
腹足綱の一種

学名 ◆ Gastropoda sp.
分類 ◆ 軟体動物門腹足綱

貝がらの透けるような感じと、黒いつぶらなひとみが印象的です。この写真は貝の腹側から見たようすです。カラの高さが1.6mmと、とても小さいですが、なかなかのスピードで移動します。「腹足綱」は、巻き貝や貝がらのないナメクジなどもふくむグループです。これを採集した南大東島は、沖縄本島から東へ約350kmにある島で、本島との間には、水深6000mを超す海溝があります。

（解説・撮影：藤原義弘／同定：奥谷喬司）

採集日 ◆ 2024年4月30日
採集場所 ◆ 大東諸島南大東島
水深 ◆ 317m
生息環境 ◆ 石灰岩盤

小さいけれどりっぱなお母さん

マメヘイケガニ科の一種

採集日 ◆ 2024年5月1日
採集場所 ◆ 大東諸島南大東島
水深 ◆ 644m
生息環境 ◆ 石灰岩盤

学名 ◆ *Xeinostoma* sp.

分類 ◆ 節足動物門軟甲綱十脚目マメヘイケガニ科 *Xeinostoma* 属

背中から透けて見える紫色の卵の色がきれいです。小さいけれど、すでに成熟した個体です。この場所からは、複数の個体がまとまって採集されました。マメヘイケガニ科のカニには、とてもあしが長いアシナガマメヘイケガニなどがいますが、いずれも甲羅は丸く小さいです。

（解説・撮影：藤原義弘／同定：駒井智幸）

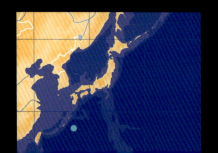

SINKAI Column

南の海の洞窟探検

鍾乳洞などの洞窟は、地上でも外界とほとんど行き来のない特殊な環境であるため、ほかの場所では見られない「生きた化石」とよばれるような生物が発見されることがあります。さらに深海の洞窟では、未知の生物が生息している可能性があります。ところが、深海の洞窟はこれまで本格的な調査がされていません。そこで深海の洞窟探検をおこなうことになりました。

◀ 調査船「かいめい」の上に集まった深海洞窟探検のメンバー。研究者や学生など、さまざまな分野の専門家が協力して研究をすすめる。2024年4月27日から5月19日まで、大東諸島海域で最初の深海洞窟調査がおこなわれた。
（提供：©D-ARK/JAMSTEC）

▲ Mini ROVとよばれる無人探査機から母船に、リアルタイムで映像が送られてくる。メンバーは、交代で海底を観察し、生物を発見すると、その特徴や水深などのデータを記録しながら、その後の方針を議論する。
（提供：©D-ARK/JAMSTEC）

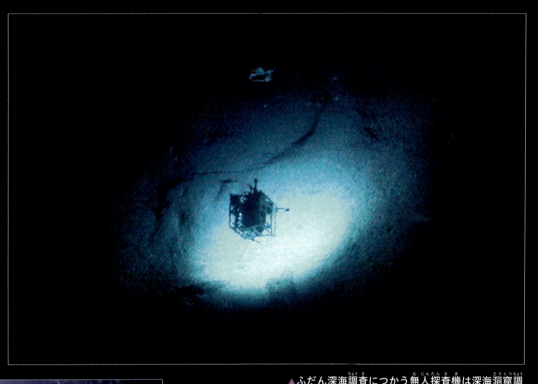

▲ ふだん深海調査につかう無人探査機は深海洞窟調査としては大きすぎる。そこで、大型のROVに搭載して運用可能なMini ROVが開発された。本機は小さいけれど、カメラや生物を採集する水中掃除機などを搭載している。
（提供：©D-ARK/JAMSTEC）

◀ メインの無人探査機、大型のROVに搭載した「深海内視鏡」が、魚の姿をとらえた。ヒウチダイ属の魚の一種ではないかと確認作業がすすめられた。これからも貴重な発見があることが期待されている。
（提供：©D-ARK/JAMSTEC）

※深海洞窟探査プロジェクト「D-ARK」は笹川平和財団が助成するオーシャンショットプログラムにより実施されています。

巨大化した眼のわけは？
テングウミノミ科の一種

学名 ◆ Platyscelidae gen. sp.

分類 ◆ 節足動物門軟甲綱端脚目テングウミノミ科

一見、グソクムシ（p87,118）などのふくまれる等脚類かとおもわせるずんぐりした体形。深海の光の少ないうす暗やみで、上からのわずかな光をキャッチするため体にくらべて巨大化した複眼が印象的です。今回調査した北高鵬海山は、九州・パラオ海嶺（p83）にある海山。この海山には、直径5kmほどの平らな頂上部分があり、独特の生態系がはぐくまれています。

（解説・撮影：藤原義弘／同定：有山啓之）

採集日 ◆ 2024年5月17日
採集場所 ◆ 九州・パラオ海嶺北高鵬海山
水深 ◆ 573m
生息環境 ◆ 海山

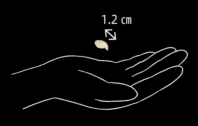

5.1cm

複雑な枝ぶりで生物のすみかになる

クダヤギ属の一種

学名◆ *Chironephthya* sp.

分類◆刺胞動物門 Octocorallia 綱 Malaccalcyonacea 目 Siphonogorgiidae 科クダヤギ属

北高鵬海山で採集されたクダヤギの仲間。真っ白な軸の先端にあるポリプが赤紫色に染まり、盆栽のような美しさが感じられます。刺胞動物の仲間は形が複雑で、流れを受けるように立っている場合が多いので、多くの生きものに生活の場をあたえています。本種を採集した北高鵬海山は、1970年代に大規模な調査がおこなわれましたが、その後、まったく調査されていなかった場所。ROVなど最新鋭機器をつかった調査により、新たな発見が期待されます。

（解説・撮影：藤原義弘／同定：酒向実里）

採集日◆ 2024 年 5 月 12 日
採集場所◆九州・パラオ海嶺北高鵬海山
水深◆ 411m
生息環境◆海山

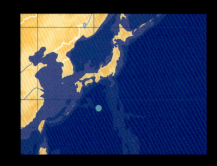

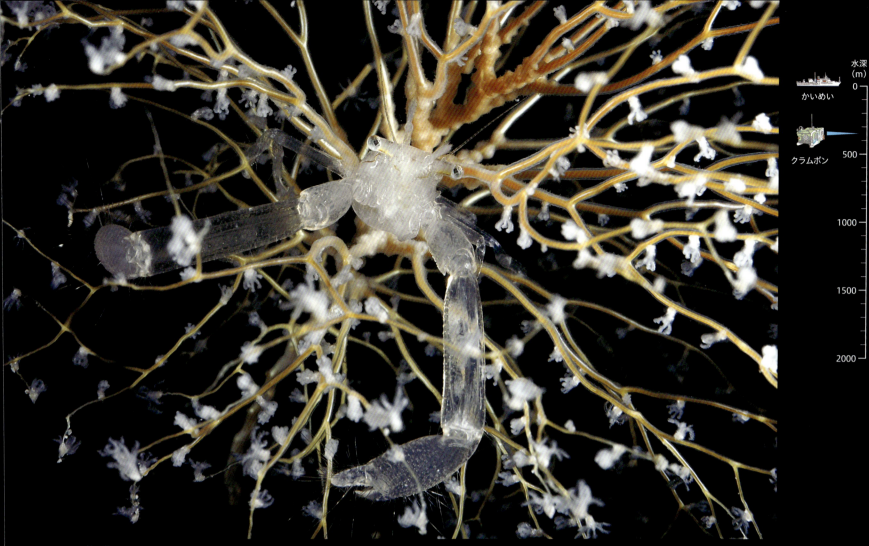

毒針の森にくらす
クモエビ属の一種

学名 ◆ *Uroptychus* sp.
分類 ◆ 節足動物門軟甲綱十脚目ワラエビ科クモエビ属

クモエビの仲間はほかの動物の上でくらすものが多く、とくに刺胞動物がお気に入りです。本種も刺胞動物の真ん中に陣取り、こちらを見ています。くわしいことはわかりませんが、ほかの動物にとっては危険な刺胞にかこまれることで、この小さな甲殻類はまもられているのかもしれません。ガラスのように透明な体も敵の目をあざむく手段かもしれませんが、ここは水深 300m を超える世界。どれほどの効果があるかは不明です。
（解説・撮影：藤原義弘／同定：駒井智幸）

採集日 ◆ 2024 年 5 月 12 日
採集場所 ◆ 九州・パラオ海嶺 北高鵬海山
水深 ◆ 344m
生息環境 ◆ 海山

赤い体とあやしく光る青い眼
バラハイゴチ

学名◆ *Bembradium roseum*
分類◆脊索動物門条鰭綱カサゴ目アカゴチ科バラハイゴチ属

上から押しつぶされたような平たい頭部をもつアカゴチの仲間。房総半島より南の日本周辺からハワイにかけての太平洋や東シナ海の水深300〜800mの深海底に生息します。真紅のボディに光る青い眼が印象的ですが、カメラとストロボの位置がそろわないとこのようなかがやきは出せません。かまぼこの材料として利用されることもあります。

（解説・撮影：藤原義弘／同定：小枝圭太）

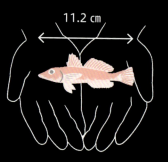

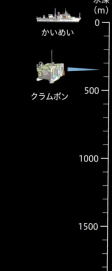

採集日◆2024年5月14日
採集場所◆九州・パラオ海嶺北高鵬海山
水深◆341m
生息環境◆海山

槍の鼻をもつ海のコウモリ
ゴマフウリュウウオ

学名 ◆ *Malthopsis tiarella*

分類 ◆ 脊索動物門条鰭綱アンコウ目アカグツ科フウリュウウオ属

へん平な体と三角形の頭が特徴的なフウリュウウオの仲間。その姿にそれほど「風流」さはなく、基本的に海底でじっとたたずんでいます。英語では「Spearnose seabat（槍の鼻をもつ海のコウモリ）」とよばれ、頭部の先端がするどくとがっています。胸ビレと腹ビレをつかって、歩くように移動します。アンコウの仲間で、アンコウ同様に疑似餌をもっていますが、あまりに小さくて実用性があるのかはさだかではありません。水族館では、泥の中に頭を突っこんでエサを食べる姿が観察されています。　（解説・撮影：藤原義弘／同定：小枝圭太）

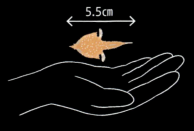

採集日 ◆ 2024年5月14日
採集場所 ◆ 九州・パラオ海嶺北高鵬海山
水深 ◆ 341m
生息環境 ◆ 海山

体に不似合いな細いあし
イトアシカムリ属の一種

学名 ◆ *paradynomene* cf. *tuberculate*

分類 ◆ 節足動物門軟甲綱十脚目トゲカイカムリ科イトアシカムリ属

北高鵬海山の山頂より少し下ったところで採集されたイトアシカムリの仲間。しっかりした体とがんじょうなツメでたくましい印象ですが、いちばん後ろのあしが極端に細くて短いことから「イトアシ」の名が付いたといわれています。体表にはカモフラージュのためか、さまざまなモノを付着させています。ゴツめの体に似合わないつぶらな眼が印象的。

（解説・撮影：藤原義弘／同定：駒井智幸）

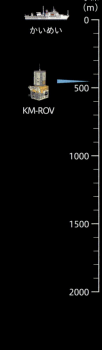

2.0cm

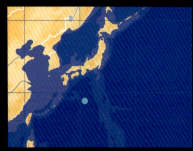

採集日 ◆ 2024年5月13日
採集場所 ◆ 九州・パラオ海嶺北高鵬海山
水深 ◆ 456m
生息環境 ◆ 海山

たくさんの命をささえる小さなカニ
ホモラ科の一種

採集日◆ 2024年5月13日
採集場所◆九州・パラオ海嶺北高鵬海山
水深◆ 456m
生息環境◆海山

学名◆ *Ihlopsis* sp.
分類◆節足動物門軟甲綱十脚目ホモラ科 *Ihlopsis* 属

このカニの甲羅にはりっぱなトゲが生えています。このような複雑な構造は、p94のクダヤギ属の一種や、p95のクモエビ属の一種がくらす刺胞動物のように、さまざまな小さな生物が生息する場所になることが多いです。このカニは、甲羅のはばが3cm足らずですが、ミョウガガイ類をはじめ、さらに小さな生物のすみかになっているのです。でも一見、安住の地のようなカニの背中ですが、いずれは脱皮によってぬぎすてられる運命にあります。

（解説・撮影：藤原義弘／同定：駒井智幸）

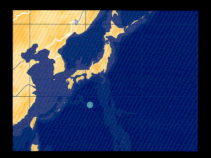

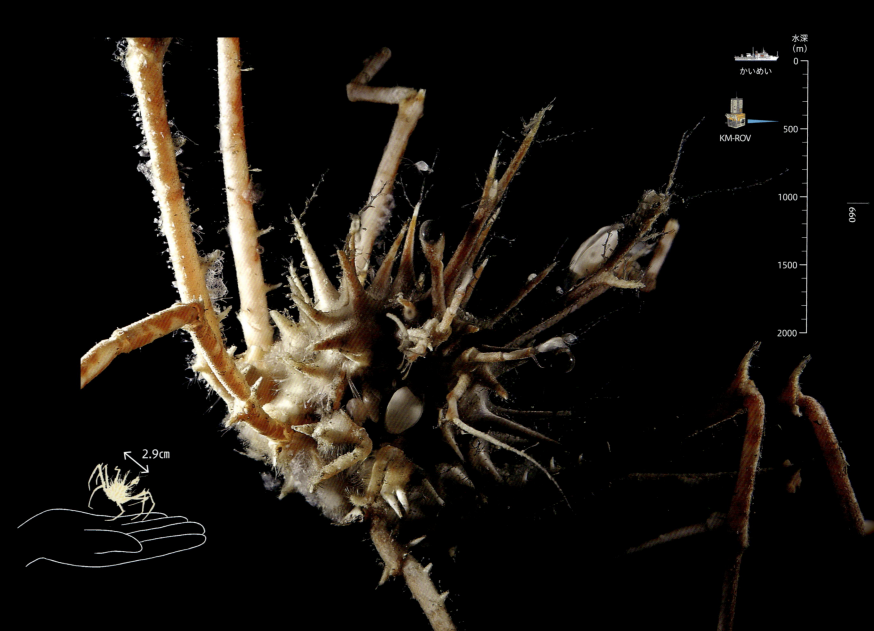

頭でっかちの水玉模様
ミカワエビ

学名 ◆ *Eugonatonotus chacei*

分類 ◆ 節足動物門軟甲綱十脚目ミカワエビ科ミカワエビ属

太平洋からインド洋にかけての水深100〜400mに生息するエビの仲間。大きな頭と長い顎角（つの）が特徴的で、体はかなりガッシリとした印象です。白の水玉模様が赤い体に映えていて、ガラスの工芸品のようです。頭でっかちのスタイルとかわいらしい模様、愛くるしい眼があいまって水族館ではかくれた人気者。ときおり漁獲され、おいしい寿司ネタになることも。

（解説・撮影：藤原義弘／同定：駒井智幸）

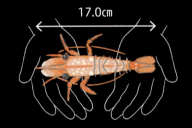

採集日 ◆ 2024年5月16日
採集場所 ◆ 九州・パラオ海嶺北高鵬海山
水深 ◆ 547m
生息環境 ◆ 海山

イソギンチャクの威を借りるヤドカリ
ホンヤドカリ科の一種

学名 ◆ Paguridae gen. sp.

分類 ◆ 節足動物門軟甲綱十脚目ホンヤドカリ科

「虎の威を借る狐」という言葉を知っていますか？ 弱いキツネが強いトラの力を借りてまもってもらいつつ、いばることのたとえです。海山の上に、自分の体よりずっと大きなイソギンチャクがついたヤドカリがいました。ヤドカリはイソギンチャクのおかげで敵から身をまもってもらい、イソギンチャクはヤドカリの食べ残しをもらえるという関係かもしれません。それにしても、ヤドカリの体とくらべて大きなイソギンチャクです。

（解説・撮影：藤原義弘／同定：駒井智幸）

採集日 ◆ 2024年5月17日
採集場所 ◆ 九州・パラオ海嶺 北高鵬海山
水深 ◆ 573m
生息環境 ◆ 海山

かいめい
クラムボン

水深(m)
0
500
1000
1500
2000

1.3cm

自分でつくった巣でくらす
ナナテイソメ科の一種

学名 ◆ *Nothria* sp.
分類 ◆ 環形動物門多毛綱イソメ目ナナテイソメ科 *Nothria* 属

ナナテイソメ科のゴカイは、自分で分泌した糸とまわりにある材料で筒状の巣をつくり、その中でくらします。日本近海の深海でおこなわれた研究では、陸から流れてきた落ち葉を材料に巣をつくり、またそれを食べていることが解明されました。ここのナナテイソメの巣材は不明ですが、深海が陸の環境とつながっている（p138）ことがわかります。このイソメの仲間は、頭部に7本の触手があることから「七手」と名づけられました。

（解説・撮影：藤原義弘／同定：自見直人）

採集日 ◆ 2024年5月14日
採集場所 ◆ 九州・パラオ海嶺北高鵬海山
水深 ◆ 341m
生息環境 ◆ 海山

1.0cm

分裂してクローンをふやす
センスガイ科の一種

学名 ◆ *Truncatoflabellum phoenix*

分類 ◆ 刺胞動物門花虫綱イシサンゴ目センスガイ科 *Truncatoflabellum* 属

サンゴなどの刺胞動物は、口と肛門がわかれておらず、食べた口から排泄します。口のまわりには触手があり、その触手には「刺胞」という毒針発射装置が無数にならんでいます。サンゴといえばサンゴ礁をつくる造礁サンゴが有名ですが、単体で生きる単体サンゴも存在します。これらは通常の動物と同じく産卵によって子孫を残すことができるほか、分裂してクローンをつくることもできます。写真の個体は分裂中のもの。採集地の北高鵬海山の山頂には本種が海底をおおいつくす勢いで分布していました。

（解説・撮影：藤原義弘／同定：千徳 明日香）

↕ 1.3cm

採集日 ◆ 2024年5月14日
採集場所 ◆ 九州・パラオ海嶺北高鵬海山
水深 ◆ 341m
生息環境 ◆ 海山

ハグルマミズスイ
白い歯車のような美しい貝

採集日 ◆ 2024年5月14日
採集場所 ◆ 九州・パラオ海嶺北高鵬海山
水深 ◆ 341m
生息環境 ◆ 海山

3.9cm

学名 ◆ *Latiaxis pilsbryi*
分類 ◆ 軟体動物門腹足綱吸腔目アッキガイ科 *Latiaxis* 属

貝がらの形が見事な巻き貝です。巻き貝は、p105のエビスガイ属のような形が多いのですが、ハグルマミズスイは「螺塔（貝がらの頂上から、体が入るための巻き終わり位置までの高さ）」がほとんどなく、外にひろがるトゲの部分が横にひろがってのびています。そのため、上から見ると「歯車」のように見えるのでこの名がつきました。美しいので、各地の博物館などでコレクションされています。

（解説・撮影：藤原義弘／同定：奥谷喬司）

「えびす」さまのようなその姿
エビスガイ属の一種

学名 ◆ *Calliostoma* sp.
分類 ◆ 軟体動物門腹足綱ニシキウズ目エビスガイ科エビスガイ属

この仲間は日本各地の潮間帯から深海にまで分布し、おもに岩礁域に生息しています。貝がらはきれいな円すい形で、表面には顆粒がきれいにならんでいます。その姿が、先のとがった帽子をかぶり、ほおがふくらんで顔の形がしもぶくれに見える「えびす」さまのようだということでつけられた名前だという説もあるようです。貝がらから軟体部がしっかりと出てくるのを待って撮影しました。（解説・撮影：藤原義弘／同定：奥谷喬司）

採集日 ◆ 2024年5月12日
採集場所 ◆ 九州・パラオ海嶺北高鵬海山
水深 ◆ 366m
生息環境 ◆ 海山

刺胞動物の「森」の中でくらす
ウロコムシ科の一種

学名 ◆ *Gorgoniapolynoe* sp.
分類 ◆ 環形動物門多毛綱サシバゴカイ目ウロコムシ科 *Gorgoniapolynoe* 属

「ウロコムシ」はゴカイの仲間で、背中側がうろこでおおわれています。多くは海底でくらしていますが、なかには中層を泳ぐ種もいます。また潮間帯から超深海まではばひろい水深に進出したグループです。ナマコやウニなどほかの生物の上でくらす種もたくさんいます。本種は刺胞動物の「森」の中から発見されましたが、どのような生活をしているのかは不明です。頭部のうろこの奥には小さな眼が透けて見えています。深海からは青く発光するウロコムシも見つかっています。

（解説・撮影：藤原義弘／同定：自見直人）

採集日 ◆ 2024年5月12日
採集場所 ◆ 九州・パラオ海嶺北高鵬海山
水深 ◆ 344m
生息環境 ◆ 海山

約8mm

水深(m)
かいめい 0
クラムボン 500
1000
1500
2000

Chapter 5

マリアナ海嶺から
ニュージーランド沖・
メキシコ湾から南米の海へ

よこすか

さらに日本の海をはなれて、南の海へ。マリアナ海嶺は、伊豆・小笠原諸島のずっと南にあり、海底火山がつらなっています。その先にはニュージーランドがあります。そして南北アメリカ大陸の間にあるメキシコ湾、南アメリカのブラジル沖の深海にも潜ってみましょう。ブラジル沖では、ジュウモンジダコがゆったり泳いでいました。

しんかい6500

アリエテルス属の一種（p114）
マリアナ海嶺

ダイオウグソクムシ（p118）
メキシコ湾

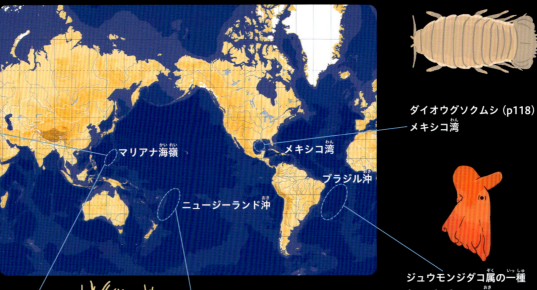
マリアナ海嶺
メキシコ湾
ニュージーランド沖
ブラジル沖

ジュウモンジダコ属の一種
（p121）ブラジル沖

ユウレイモヅル科の一種（p111）
マリアナ海嶺

ネコジタウミギク（p116）
ニュージーランド沖

熱水にむらがる「湯の華」
ユノハナガニ

学名 ◆ *Gandalfus yunohana*

分類 ◆ 節足動物門軟甲綱十脚目ユノハナガニ科 *Gandalfus* 属

熱水噴出域だけに分布しているカニの仲間です。熱水噴出域にすむ小さな生物やバクテリアマットなどを食べています。深海は光がほとんど届かないので眼はほぼ退化していますが、光の強さを変えると行動が変わるので、光は感じていると考えられています。「湯の華」は温泉のふき出し口などにつく白い付着物のこと。熱水噴出域に生きる白いカニなので、「ユノハナガニ」と名づけられました。

(解説・撮影・同定・藤原義弘)

採集日 ◆ 2005年11月4日
採集場所 ◆ 中マリアナ海嶺日光海山
水深 ◆ 450m
生息環境 ◆ 熱水噴出域

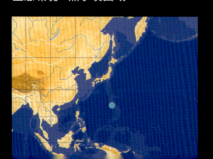

SINKAI Column

熱水噴出域とは？

わたしたちがくらす地殻（大地）の下には熱いマグマがあります。地殻は、地球を卵にたとえると卵のカラくらいの厚さしかありません。地殻の下ではつねに熱いマグマが動いていて、そのマグマに熱せられた海水が、金属などをふくんで地殻からふき出している場所が「熱水噴出域」です。
そこには、熱水にふくまれる硫化水素やメタンなどを用いた化学合成によって生きる生物がいます。

◀ マリアナトラフの熱水噴出孔。黒い熱水「ブラックスモーカー」がふき出す場所に、ユノハナガニの仲間と、オハラエビの仲間が群れている。　　　　　（提供：JAMSTEC）

ユノハナガニは水族館でも飼える！？

わたしたちのように太陽の下で生きる生物とはちがう、熱水噴出域という環境に生きるユノハナガニ。そんな生物を飼うことができるのだろうか？　新江ノ島水族館（p140）では、JAMSTECと協力してさまざまな深海生物を飼育している。ユノハナガニも飼育に成功し、産卵まで確認している。

▶ 水槽内の熱水（温水）のふき出し口の近くで卵をかかえているユノハナガニ。水族館では、試行錯誤しながら飼育し、カニが温水で卵をあたためる姿も観察されている。　　（提供：JAMSTEC／新江ノ島水族館）

花のように見える部分で食べて排泄もする
キンヤギ科の一種

学名 ◆ Chrysogorgiidae gen. sp.

分類 ◆ 刺胞動物門 Octocorallia 綱 Scleralcyonacea 目キンヤギ科

ちょっと見ると木の枝のように見えますが、サンゴやイソギンチャクなどと同じ刺胞動物です。枝のようにひろがるかたい部分に「ポプリ」とよばれる花のように見える部分があり、ここから食べ、排泄もします。いろいろな生物のすみかとも食料ともなっていますが、成長がおそいものが多く、温暖化や汚染（p138）などの環境の変化でダメージを受けると、回復に時間がかかってしまいます。

（解説・撮影：藤原義弘／同定：柳 研介）

採集日 ◆ 2020年12月8日
採集場所 ◆ 西マリアナ海嶺立冬海山
水深 ◆ 601m
生息環境 ◆ 海山

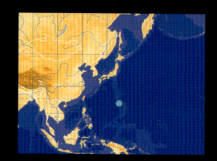

髪の毛をうしなった怪物「ゴルゴン」？
ユウレイモヅル科の一種

学名 ◆ *Asterostegus maini*

分類 ◆ 棘皮動物門クモヒトデ／蛇尾綱ツルクモヒトデ目ユウレイモヅル科 *Asterostegus* 属

見た目はふつうのクモヒトデのように見えますが、実はテヅルモヅルに近く、同じツルクモヒトデ目に入ります。テヅルモヅル科の学名は「Gorgonocephalidae（ゴルゴンの頭）」。ゴルゴンとはギリシャ神話に出てくるおそろしい女の怪物で、その髪の毛の一本一本がヘビでできているといわれています。複雑に腕が分岐し、からみ合っているテヅルモヅルの姿がそれによく似ていることから、このような学名がつきました。一方、本種の腕はまったく分岐せず、すらっと1本のまま伸びています。怪物から髪がぬけ落ちて「ユウレイ」になったということでしょうか。本種は海底火山に生息するオオキンヤギ類に付着していました。

（解説・撮影：藤原義弘／同定：岡西政典）

採集日 ◆ 2020年12月5日
採集場所 ◆ 西マリアナ海嶺立冬海山
水深 ◆ 590m
生息環境 ◆ 海山

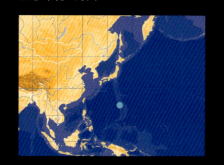

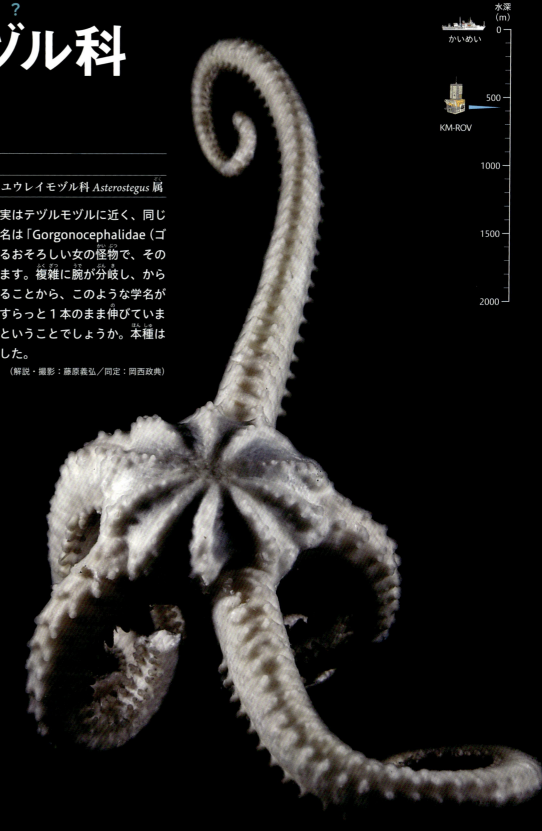

**全身がつぶにおおわれた、
発見されたばかりのカニ**

ガリリア属の一種

学名◆ *Galilia petricola*

分類◆節足動物門軟甲綱十脚目コブシガニ科 *Galilia* 属

体が丸みをおびて、石ころのような形をしたコブシガニ科の一種です。全身は赤色で、大小さまざまなつぶつぶでおおわれています。よく見ると、はさみやあしも小さなつぶつぶでおおわれているのがわかります。2014年に小笠原諸島海域で新種として発見され、その後、台湾沖からも報告がありますが、写真の個体はマリアナ海嶺ではじめて発見されたカニです。このカニに関する採集例が少なく、生息域や生態などは謎のままです。

（解説・撮影：土田真二／同定：駒井智幸）

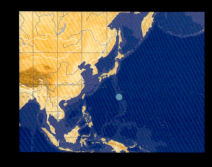

採集日◆2012年12月9日
採集場所◆中マリアナ海嶺・西マリアナ海嶺北部
水深◆482m
生息環境◆一般的な深海底

あざやかなピンク色と長すぎるツメ
リットウクモエビ

学名◆ *Uroptychus medius*

分類◆節足動物門軟甲綱十脚目ワラエビ科クモエビ属

2020年に中マリアナ・西マリアナ海嶺北部沖合海底自然環境保全地域（p31）の立冬海山で採集し、2023年に新種として認められたクモエビの仲間です。深海ではなかなか見かけないあざやかなピンク色のグラデーションと、体に不釣り合いな長いツメが印象的。刺胞動物の上でくらしていたので、刺胞動物ごと採集しましたが、船上にやってきてもなお、刺胞動物からはなれることはありませんでした。

（解説・撮影：藤原義弘／同定：駒井智幸）

採集日◆2020年12月6日
採集場所◆西マリアナ海嶺立冬海山
水深◆2001m
生息環境◆海山

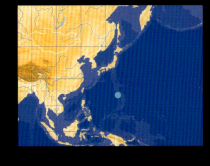

「海の宝石」とよびたい「海のお米」
アリエテルス属の一種

学名◆ *Arietellus* sp.

分類◆節足動物門顎脚綱カラヌス目アリエテルス科アリエテルス属

発達した触角が見事なカイアシ類。このようにりっぱな触角がなぜ必要なのかは不明ですが、一説には浮力をかせぐためともいわれています。カイアシ類の多くは中層に浮かんでくらすプランクトンですが、底生性のものや寄生性のものも知られています。多くは植物プランクトンを食べ、小型の魚類や無脊椎動物に食べられます。非常にたくさんの個体が生息していることから重要なエサ資源であるため「海のお米」といわれていますが、本種は「海の宝石」とよびたくなる美しさでした。

(解説・撮影:藤原義弘/同定:山口篤)

採集日◆ 2020 年 12 月 8 日
採集場所◆西マリアナ海嶺立冬海山
水深◆ 529m
生息環境◆海山

上下のカラにたくさんのトゲが生えた貝、発見
ネコジタウミギク

学名◆ *Spondylus linguafelis*
分類◆軟体動物門二枚貝綱イタヤガイ目ウミギク科スポンディラス属

ニュージーランドの北方にのびるケルマディック島弧という火山島のつらなる海域に、ヒネプイアという海山があります。その中腹の岩場に引っかかるように生息していたところを採集されました。深海での採集例が少なく、生態や分布など不明な点が多い貝です。上側の貝がらには細長いトゲが、下側のカラにも短いトゲがたくさん生えていて、一見するとウニのようにも見えます。外とう膜のふちにはたくさんの小さな眼がついていて、これで光を感知しています。

（解説・撮影：土田真二／同定：奥谷喬司）

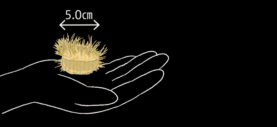

採集日◆2013年10月30日
採集場所◆北部ケルマディック島弧のヒネプイア海山（ニュージーランド沖）
水深◆499m
生息環境◆海山中腹の露頭壁面

「ダイオウ」と名づけられた巨大なウニ
ダイオウウニ亜科の一種

学名◆ Stereocidarinae sp.

分類◆棘皮動物門 ウニ／海胆綱オウサマウニ目オウサマウニ科ダイオウウニ亜科

ネコジタウミギク（p116）を採集した日、同じ海山の中腹の壁面を器用に移動する白っぽい大きなウニを発見！ 浅い海のウニのようにたくさんのトゲではなく、十数本の太くて長いトゲをもっています。ダイオウウニの仲間は深海性。大西洋や太平洋からの報告が多いウニです。棘皮動物は「五放射相称」、つまり同じ形の部分が中心のまわりに5つ放射状にならんでいます。このダイオウウニも上から見ると同じ形が5つならんでいます。

（解説・撮影：土田真二／同定：小川晟人）

採集日◆ 2013年10月30日
採集場所◆北部ケルマディック島弧のヒネプイア海山（ニュージーランド沖）
水深◆ 499m
生息環境◆海山中腹の露頭

水族館の人気者は「海のそうじ屋」
ダイオウグソクムシ

学名◆ *Bathynomus giganteus*

分類◆節足動物門軟甲綱等脚目スナホリムシ科 *Bathynomus* 属

深海にくらす世界最大のダンゴムシの仲間。成長すると体重1kgになるものも。印象的な複眼は3500個もの個眼からできています。海底に沈んだ魚やクジラの遺がい (p9,73) に集まって、強力なあごで食べつくすため「海のそうじ屋」とよばれ、その「ダースベーダー」のようなつらがまえは水族館でも人気です。日本の水族館で飼育展示されていたダイオウグソクムシには5年以上何も食べずに生きたものもいます。

（解説・撮影・同定：藤原義弘）

採集日◆2007年9月
採集場所◆メキシコ湾
水深◆800m
生息環境◆一般的な深海底

SINKAI Column

栄養の少ない深海で巨大化する謎

熱水噴出域 (p8,109) などをのぞいて、全体に生物量の少ない深海に、巨大な体をもった動物がいます。「大王」と名づけられたダイオウイカをはじめ、ダイオウウニ (p117)、ダイオウグソクムシ (p118)、ダイオウホウズキイカ (p125)、ダイオウクラゲ (p31) などです。

巨大化は、体を大きくすることで敵に襲われにくくなるメリットがある反面、巨体を維持するためにはたくさんの食料を得なくてはならず、動くために多くのエネルギーが必要になります。なぜ深海で巨大化するのか、まだ解決されていない深海の謎のひとつです。

▲ 捕獲され船上にねかされたダイオウクラゲ。学名「*Stygiomedusa gigantea*」は、「地獄の巨大なメデューサ」という意味。となりのリンズィー博士とくらべるとその大きさがわかる。(写真提供：ドゥーグル・J・リンズィー)

◀ 西マリアナ海嶺の水深 529m で採集されたミョウガガイ亜目の一種。「カイ」とつくが貝ではなくエビやカニなどと同じ甲殻類のフジツボに近い仲間。多くのミョウガガイは長さ10cmほどだが、これは何と全長が29.6cm！ 巨大化の原因は不明。
(解説・撮影：藤原義弘／同定：Benny K.K. Chan)

大きな「烏帽子」の役割の謎
エボシナマコ属の一種

学名 ◆ *Psychropotes* sp.
分類 ◆ 棘皮動物門ナマコ／海鼠綱板足目エボシナマコ科エボシナマコ属

深海性のナマコの仲間で、烏帽子をかぶっているような姿からつけられた名。ただし、突起は頭の上ではなく、体の後方にあります。この写真は後ろ姿。この大きな突起は、ヨットのセイルの役割をしているのではないかともいわれていますが、まだはっきりわかっていません。深海性のナマコは、採集し船上にあげると、ぐにゃぐにゃになって形を失うものが多いのですが、このナマコはとてもしっかりしていてくずれませんでした。

（解説・撮影：藤原義弘／同定：小川晟人）

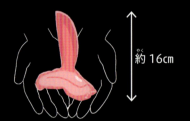
約16cm

採集日 ◆ 2013年4月23日
採集場所 ◆ ブラジル沖サンパウロ海嶺
水深 ◆ 4128m
生息環境 ◆ 一般的な深海底

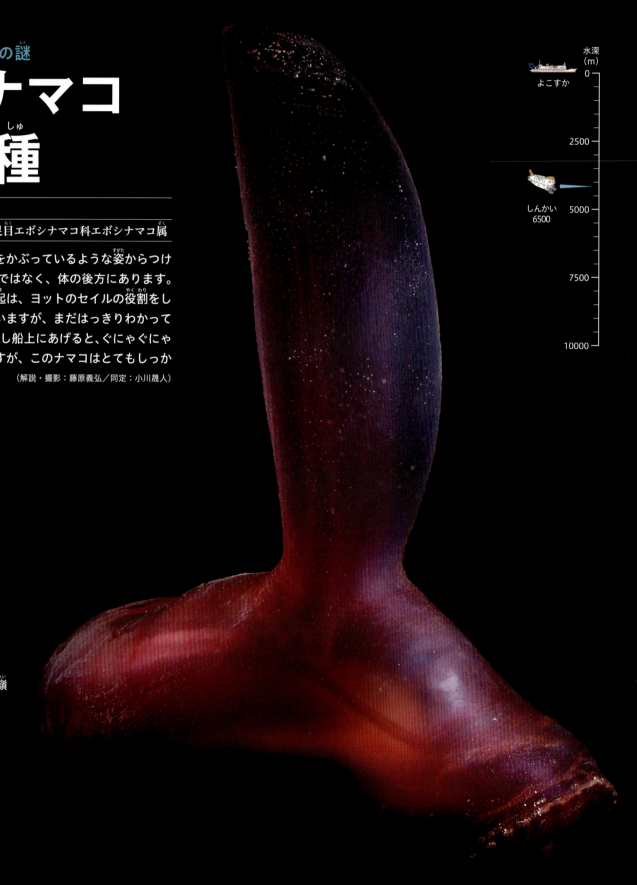

水深(m)
よこすか 0
2500
しんかい6500 5000
7500
10000

大きな耳のようなヒレとスカートがかわいい

ジュウモンジダコ属の一種

学名◆ *Grimpoteuthis* sp.
分類◆軟体動物門頭足綱タコ目メンダコ科ジュウモンジダコ属

浮遊遊泳が得意なタコの仲間です。耳のような大きなヒレをひろげて羽ばたくように泳ぐその姿はユーモラスで人気があります。でも、危険を感じると腕にあるスカートのような膜を収縮させて、ダッシュで逃げることも。体はとてもやわらかいので、潜水調査船や無人探査機などでなければ、きれいな状態で採集することはできません。

（解説・撮影：藤原義弘／同定：奥谷喬司）

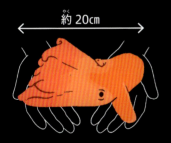
約20cm

採集日◆2013年4月23日
採集場所◆ブラジル沖サンパウロ海嶺
水深◆4099m
生息環境◆一般的な深海底（海底に近い層）

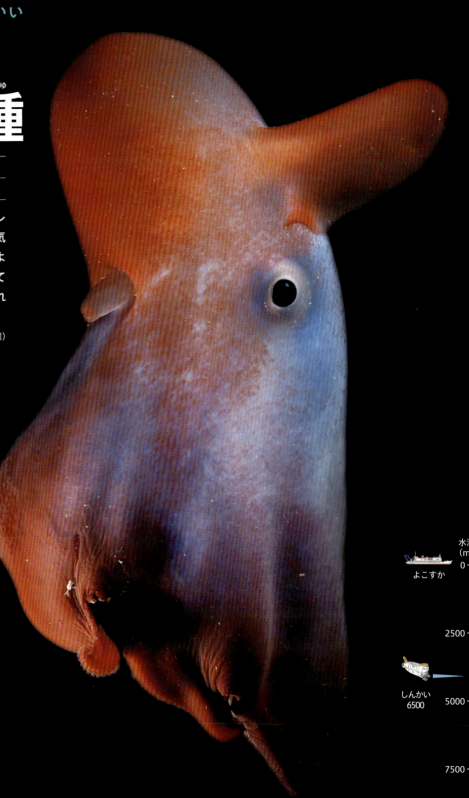

毒を食べて防御につかうという生き方
裸鰓目の一種

学名 ◆ Nudibranchia sp.
分類 ◆ 軟体動物門腹足綱裸鰓目

ブラジル沖の真っ暗な深海を潜航中、ライトがウニの姿をとらえました。採集すると、そのトゲの上に刺胞動物（イソギンチャクやサンゴなどの仲間）がいて、さらにその上に小さなウミウシがいました。刺胞動物には刺胞という毒液注入装置がありますが、ウミウシの仲間は刺胞動物を食べ、その毒の刺胞を自分の背中の突起にたくわえて防御につかうものがいます。このウミウシも、この刺胞動物を食べて毒を背中にたくわえているのかもしれません。

（解説・撮影：藤原義弘／同定：奥谷喬司）

採集日 ◆ 2013年5月2日
採集場所 ◆ ブラジル沖リオグランデ海膨
水深 ◆ 869m
生息環境 ◆ 一般的な深海底

Chapter 6

砕氷船ヒーリー

南極域からベーリング海、北極域の海へ

南米の海から、さらに南下して南極の海へ。南極の海では、世界最大のダイオウイカより体重でまさるダイオウホウズキイカの赤ちゃんにも会えました。南極から一気に北へ。ベーリング海には、クリオネの仲間「ダルマハダカカメガイ」もいました。さらに北上して北極海へ。南極も北極も冷たい海ですが、深海にはたくさんの生物がいました。

グローバルエクスプローラー

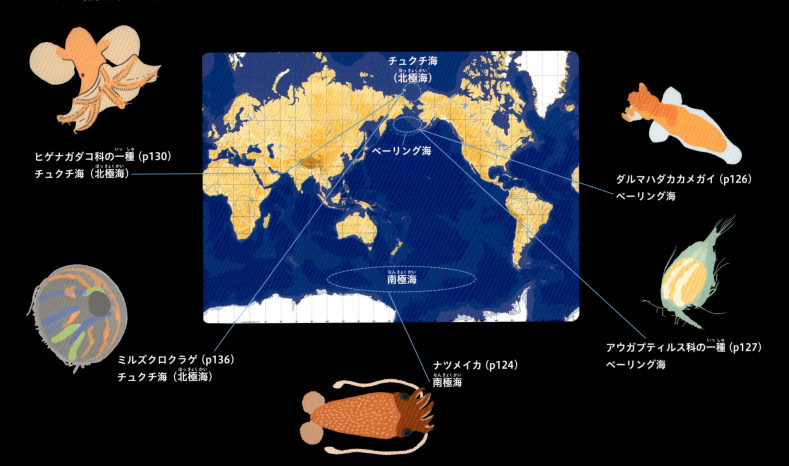

ヒゲナガダコ科の一種 (p130)
チュクチ海（北極海）

ミルズクロクラゲ (p136)
チュクチ海（北極海）

ナツメイカ (p124)
南極海

ダルマハダカカメガイ (p126)
ベーリング海

アウガプティルス科の一種 (p127)
ベーリング海

発光器をそなえたイカ発見
ナツメイカ

学名 ◆ *Bathyteuthis abyssicola*

分類 ◆ 軟体動物門頭足綱ナツメイカ目ナツメイカ科ナツメイカ属

南極海にやってきました。南極では、12月から1月はほとんど太陽が沈みません。そんななか、ナツメイカを採集しました。ナツメイカは、冷水を好み、通常は700〜2000mくらいの深度に生息していますが、220mほどの浅い深度から採集された例もあります。「耳（頭と反対側にある安定とかじとりの役割をするヒレ）」は丸く小さく、腕のつけ根には発光器を備えています。

（解説・撮影・同定：ドゥーグル・J・リンズィー）

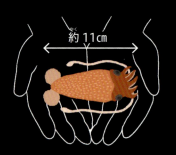

採集日 ◆ 2008年1月29日
採集場所 ◆ 南極海東南極沖合
水深 ◆ 不明（調査範囲は1000〜2000m）
生息環境 ◆ 深層域

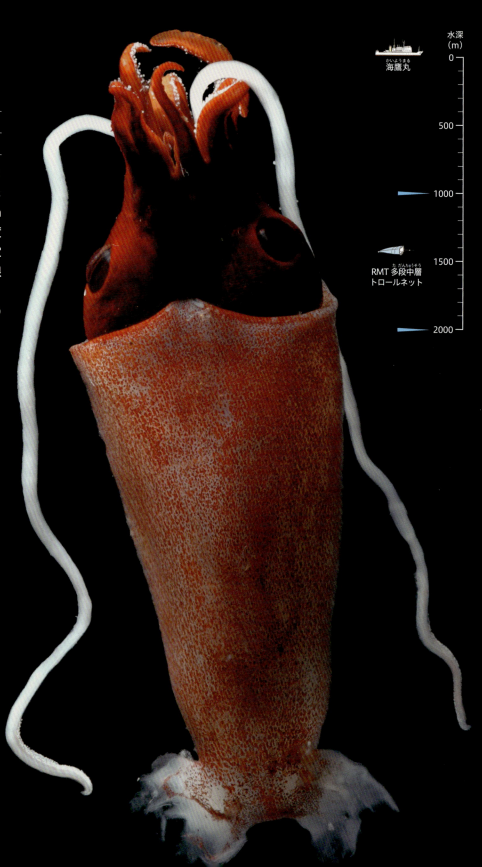

ダイオウイカよりどうもうな種
ダイオウホウズキイカ

学名◆ *Mesonychoteuthis hamiltoni*

分類◆軟体動物門頭足綱開眼亜目サメハダホウズキイカ科 *Mesonychoteuthis* 属

イカやタコの仲間で最大の種は、触腕を入れた全長が最大18mのダイオウイカです。ダイオウホウズキイカの全長は12～14ｍですが、胴回りや体重ではダイオウイカを超えて最大。この写真の個体はまだ子どもで、全長は8cmほどです。ダイオウイカは腕に吸盤をもっていますが、ダイオウホウズキイカはカギヅメをもっています。また「カラストンビ」とよばれるあごがダイオウイカより大きく、よりどうもうであると考えられています。

（解説・撮影・同定：ドゥーグル・Ｊ・リンズィー）

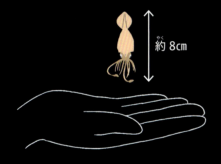

採集日◆2008年2月2日
採集場所◆南極海アデリー海岸沖（オーストラリア南方）
水深◆不明（調査範囲は0～1000m）
生息環境◆中・深層域

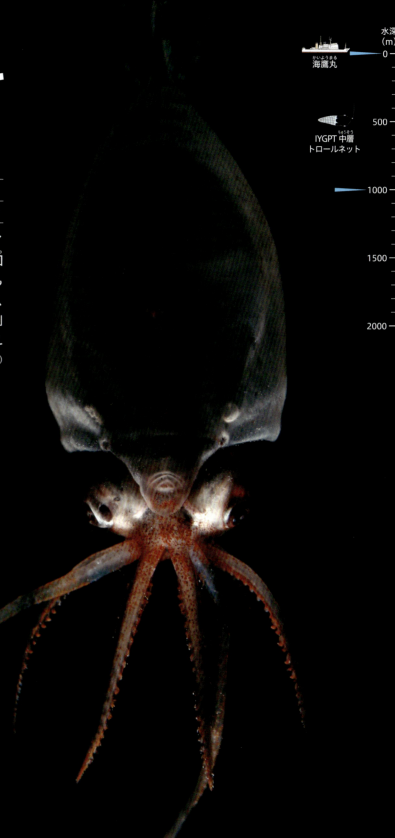

捕食時は「海の天使」から一転
ダルマハダカカメガイ

学名 ◆ *Clione okhotensis*

分類 ◆ 軟体動物門腹足綱真後鰓目ハダカカメガイ科ハダカカメガイ属

貝がらをもたない貝、クリオネ（ハダカカメガイ）の仲間で、2016年に発見された新種です。学名の「*okhotensis*」は、オホーツク海から発見されたことにちなんだもの。よく知られているクリオネよりも丸みをおびたずんぐりとした体形をしています。いま、頭部から「バッカルコーン」とよばれる捕食のための触手を出していますが、ほかのハダカカメガイより小さいです。

（解説・撮影・同定・藤原義弘）

採集日 ◆ 2017年8月15日
採集場所 ◆ ベーリング海
水深 ◆ 500～750m
生息環境 ◆ 中・深層域

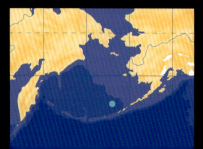

栄養を「油滴」としてたくわえるカイアシ類の仲間

アウガプティルス科の一種

学名 ◆ *Pseudhaloptilus pacificus*

分類 ◆ 節足動物門顎脚綱カラヌス目アウガプティルス科 *Pseudhaloptilus* 属

北太平洋から北極海、南極海から亜南極域の水深1000m前後に生息するカイアシ類（p65,114）の一種。この種は、体の前の部分が大きくふくらんだ紡錘形（真ん中が太く両端が細い形）で体の後ろ部分はとても小さく、前の部分の3分の1ほどの長さです。生きているときにはオレンジ色と青の構造色（それ自体に色はないが、微妙な構造によって生まれる色）のコントラストが美しいです。食べた栄養を体内に「油滴」という形でもっています。

（解説・撮影：藤原義弘／同定：山口篤）

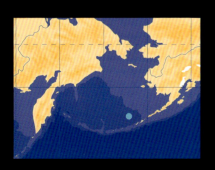

採集日 ◆ 2017年8月15日
採集場所 ◆ ベーリング海
水深 ◆ 750〜1000m
生息環境 ◆ 中・深層域

6.4mm

7本の触手をもつ
ナナテイソメ科の一種

学名 ◆ Onuphidae gen. sp.
分類 ◆ 環形動物門多毛綱イソメ目ナナテイソメ科

頭に7本の触手をもつことから「ナナテ」と名づけられました。触手のつけ根付近は「曲がるストロー」の首の部分のような構造をもちます。この科からは約40属、約670種が知られていて、その多くは沿岸に生息し、漁業の対象となる多くの魚の重要なエサとなっています。この種の体の色は、光の当て方によって大きく変わり、ときに写真のような美しい構造色（p127）を生みます。

（解説・撮影：藤原義弘／同定・自見直人）

採集日 ◆ 2017年8月8日
採集場所 ◆ ベーリング海
水深 ◆ 250m
生息環境 ◆ 一般的な深海底

2.6mm

寄生はしないタイプの線虫の仲間
レプトソマトゥム科の一種

学名◆ Leptosomatidae gen. sp.
分類◆線形動物門双器綱 エノプルス目レプトソマトゥム科

ヒトに寄生するカイチュウやギョウチュウ、サバなどの魚介類に寄生するアニサキスなどと同じ線虫の仲間です。この種は、堆積物の中に生息するグループなので、おそらく潮の流れなどによって海底から巻き上げられたところを、プランクトンネットで採集された可能性が高いです。線虫類はとても多様性が高く、全世界で1億種を超えるともいわれています。この種は、寄生性ではない線虫類のなかでは大型の種です。

（解説・撮影：藤原義弘／同定：嶋田大輔）

採集日◆ 2017年8月10日
採集場所◆ ベーリング海
水深◆ 0〜100m
生息環境◆ 一般的な深海底

（全長 2.37cm）

状態のよい個体が採集されることで分類も変わる
ヒゲナガダコ科の一種

学名 ◆ *Cirroteuthis* aff. *muelleri*

分類 ◆ 軟体動物門頭足綱タコ目ヒゲナガダコ科 *Cirroteuthis* 属

イカやコウモリダコなどと同じように、外とう部（胴の部分）にヒレがあります。多くのタコは、この「耳」のような部分を進化の過程で失ったと考えられています。腕の間にある膜を開閉して泳ぐこともできますが、ふだんはこのヒレを羽ばたかせて泳ぎます。採集したときにダメージを受けた個体を材料にしたため、ヒゲナガダコ属は一属一種とされていますが、このように状態のよい個体が採集されたことで分類が再検討されています。

（解説・撮影・同定：ドゥーグル・J・リンズィー）

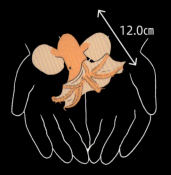

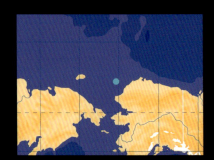

採集日 ◆ 2016年7月29日
採集場所 ◆ チュクチ海（北極海）
水深 ◆ 1250m
生息環境 ◆ 深層域（近底層）

水深
(m)

砕氷船
ヒーリー

0

500

1000

グローバル・
エクスプローラー

1500

2000

個々のクラゲがつながって生きる
カドナシフタツクラゲ

学名◆ *Dimophyes arctica*
分類◆刺胞動物門ヒドロ虫綱クダクラゲ目フタツクラゲ科カドナシフタツクラゲ属

北方の海では、この透明なロケット形のクラゲが多くとれます。個々のクラゲが群体になって生きるクダクラゲの仲間です。クローンでふえる無性生殖世代の個体（写真上）を先頭に、多くの有性生殖世代（写真下）の個体が長くつながっています。有性生殖世代の個体は、先端の無性生殖世代の個体から形成されるため、先のほうにいくほど成熟が進んでいます。やがて端の個体からはなれていき、それらの成熟した卵と精子が受精して幼生となり、この幼生は、成長すると無性生殖世代となり、またくさり状につながり群体をつくります。

（解説・撮影・同定：ドゥーグル・J・リンズィー）

採集日◆ 2016年7月17日
採集場所◆チュクチ海（北極海）
水深◆ 422m
生息環境◆中層域

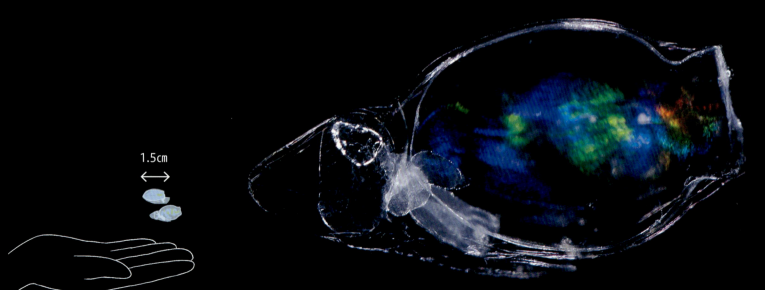

1.5cm

群体からはなれて泳ぎだした、まもる係とふえる係
ヤジリクラゲ

学名◆ *Nectadamas diomedeae*
分類◆刺胞動物門ヒドロ虫綱クダクラゲ目アイオイクラゲ科 *Nectadamas* 属

東太平洋の熱帯海域で新種記載された深海性のクダクラゲです。クダクラゲは、個々の個体が群体となって生きていきます (p132)。今回採集されたのは、有性生殖世代の個体で、大きな三角形の保護葉（外側の部分。生殖腺をもつ個虫をまもるためにたてとなる個虫）と小さな生殖体（その中の小さいクラゲの部分）が1つになった姿です。いま、イラストのような長くつながる群体からはなれて泳ぎだしたところです。

（解説・撮影・同定：ドゥーグル・J・リンズィー）

採集日◆ 2016年7月25日
採集場所◆チュクチ海（北極海）
水深◆ 731m
生息環境◆中層域

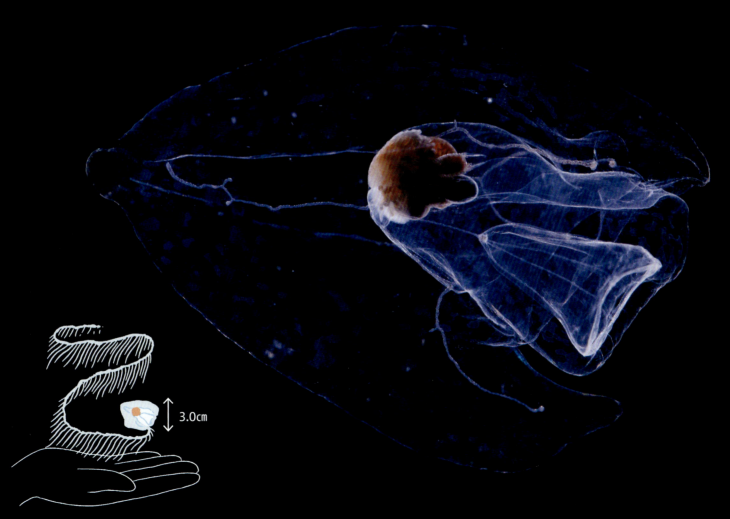

北極海と南極海でしか見つかっていないクラゲ
スカシソコクラゲ

学名◆ *Benthocodon hyalinus*

分類◆刺胞動物門ヒドロ虫綱硬クラゲ目イチメガサクラゲ科 *Benthocodon* 属

1990年にはじめて南極で新種記載されたものが、北極海でも確認されました。南極と北極にしか分布していないとされていますが、ほかの海域での調査が十分おこなわれていないためくわしいことは不明です。海底付近に生息しているため、プランクトンネットでの採集がむずかしく、無人探査機や有人潜水艇でないと出あえないクラゲです。白い部分は精巣。茶色い部分は胃。食べた発光生物の光がもれないようになっています。

(解説・撮影・同定：ドゥーグル・J・リンズィー)

採集日◆ 2016年7月24日
採集場所◆チュクチ海（北極海）
水深◆ 513m
生息環境◆深層域（近底層）

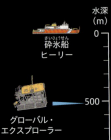

砕氷船
ヒーリー

グローバル・エクスプローラー

水深(m)
0
500
1000
1500
2000

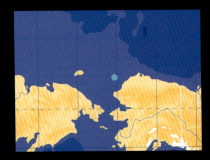

4.0cm

触手はなく、エサは丸のみ
シンカイウリクラゲ

学名◆ *Beroe abyssicola*

分類◆有櫛動物門無触手綱ウリクラゲ目ウリクラゲ科ウリクラゲ属

クシクラゲの一種であるこのクラゲは、北極海から北半球の温帯域に分布しています。夜になると海の表層に移動するらしく、三陸沖や日本海では夜に、海面近くでとれます。ほかのウリクラゲと区別できる特徴は、胃などの消化管（写真で真ん中の色が濃い部分）が赤紫色をしていることです。触手はなく、エサを丸のみします。全長は7㎝ほどに成長しますが、この個体はまだ若い個体です。

（解説・撮影・同定：ドゥーグル・J・リンズィー）

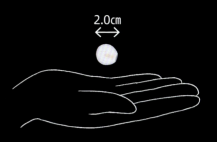

採集日◆2016年7月20日
採集場所◆チュクチ海（北極海）
水深◆0～500m
生息環境◆中・深層

「妊娠型クラゲ」とよばれるわけは？
ミルズクロクラゲ

学名◆ *Crossota millsae*

分類◆刺胞動物門ヒドロ虫綱硬クラゲ目イチメガサクラゲ科クロクラゲ属

1000mより深い深層に生息しているこのクラゲは、北極海だけでなく、アメリカのカリフォルニア州沖やハワイ沖、日本の三陸沖にも生息しています。カサの下で放射状に走る管の近くに卵の入った卵巣があり、受精するとそこから管の上に子クラゲを産むという、クラゲとしてはめずらしい繁殖をおこないます。そのため、ほ乳類の妊娠にたとえて「妊娠型クラゲ」ともよばれています。

（解説・撮影・同定：ドゥーグル・J・リンズィー）

採集日◆2016年8月1日
採集場所◆チュクチ海（北極海）
水深◆2619m
生息環境◆深層域（近底層）

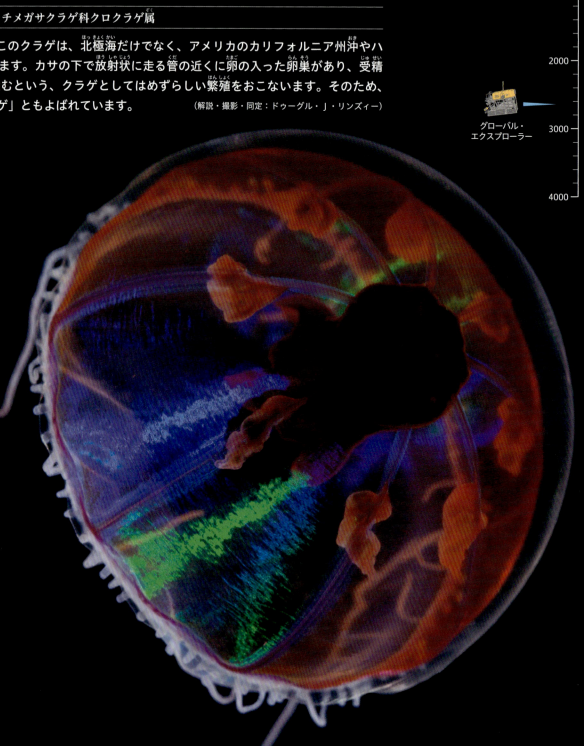

Chapter X

深海から見えてきた地球の今、そして、未来

深海には、わたしたちの想像を超えるさまざまな命がはぐくまれていました。これだけ研究がすすんでも、わたしたちがわかったのは、広大な深海のほんの一部です。そして、深海研究から、地球の未来への課題が見えてきました。この星を大切にまもるために、わたしたちにできることは何でしょう。

提供：JAMSTEC

最新研究で海をまもる！

今、海がよごれています。それは、海の生物の健康がおびやかされているだけでなく、汚染された魚や貝を食べることで、わたしたちの体にも影響が出ています。海岸にごみが散乱しているだけでなく、海中にも深海にも大量のごみがあります。それを回収するのはとてもたいへんですが、地球の生物全体の健康のためにも必要なことです。

写真提供（p138-p139 全点）：JAMSTEC

海のごみをなくす

深海底にも大量のごみがあります。真っ暗で巨大な圧力のかかる深海（p6）。特別な船や機器で回収していますが、まだまだ大量のごみがあるのです。さまざまな形で、海をきれいにする努力が続けられています。

▲ JAMSTECの海洋地球研究船「みらい」。気象や海水、海底の泥や生物などの調査ができる研究設備があり、地球環境をまもるための観測をおこなっている。

▲ 表層では海中をただよう漁の網などに、生物がからまって死ぬ事故もふえているが、各地の深海底にも大量のごみがたまっている。プラスチックなどは長い年月残り、細かくなると魚が食べ、それを食べたヒトにも影響が出ることが心配されている。

▲ 2019年9月、「しんかい6500」（p7）で房総半島沖の水深約5700mを潜航中、海底でごみを発見。マニピュレータでとってみると、なんと、1984年製造のハンバーグの包装袋。35年間も分解されずに深海にあったことになる。

最新研究で海を調べる

広大な海のごみ。まずはどのようなものがあるか、生物にどのような影響があるかを調べることが、解決の第一歩です。今、いろいろな最新技術をつかって、海水や海中にあるゴミについての研究がすすめられています。

▶船から深海に投入されて、海底の泥や水を回収するための「フリーフォールランダーシステム」。これによって採取された泥や水などをくわしく調べることで、海の汚染や、そこにどのような生物がいるかなどがわかる。

▲ 回収した泥や水は、船上でくわしく調べられる。海の環境をまもるために新たに指定された「海洋保護区」(p31)でも調査がおこなわれ、駿河湾で発見された新種のヨコヅナイワシ (p10,38,39) が保護区にもいることがわかった(p12)。

▲ 小さなプラスチック「マイクロプラスチック」を調べるのはたいへんだ。網でとったマイクロプラスチックを顕微鏡で見ながら1つぶ1つぶひろい出し、さらにそれを機械で調べる。さまざまな研究によって海の環境をまもる努力が続けられている。

リアルで、オンラインで、深海生物と出あおう

水族館で、リアルに出あう
深海生物とは、実際に会うのがいちばん！ 水族館などでは、生きた深海生物や標本になった深海生物などに出あうことができます。

深海にはわたしたちの想像を超えた生きものがいます。そんな深海生物たちに会いに行きましょう！

沖縄美ら海水族館

「深海への旅」のコーナーでは、あごが突出したミツクリザメの標本（写真）など、さまざまな生物に会うことができる。画像提供：国営沖縄記念公園（海洋博公園）

〒905-0206 沖縄県国頭郡本部町石川424番地
TEL 0980-48-3748
https://churaumi.okinawa

新江ノ島水族館

JAMSTECとの共同研究をおこない、コトクラゲ（p70）などの貴重な深海生物の採集にも成功している。　©JAMSTEC×新江ノ島水族館

〒251-0035 神奈川県藤沢市片瀬海岸2-19-1
TEL 0466-29-9960
https://www.enosui.com/

仙台うみの杜水族館

「深海 未知のうみ-深海ラボ-」では、深海の謎について考えることのできる研究室風の展示でダイオウグソクムシ（p118）などの展示も。　提供：仙台うみの杜水族館

〒983-0013 宮城県仙台市宮城野区中野4丁目6番地
TEL 022-355-2222
https://www.uminomori.jp/umino/

鳥羽水族館

飼育種数日本一の水族館。メンダコ（写真）やダイオウグソクムシ（p118）などの飼育展示もある。　提供：鳥羽水族館

〒517-8517 三重県鳥羽市鳥羽3-3-6
TEL 0599-25-2555
https://aquarium.co.jp

沼津港深海水族館

深海生物専門の水族館。頭の上についた擬似餌で小魚を捕食するミドリフサアンコウ（写真）などの展示もある。　提供：沼津港深海水族館

〒410-0845 静岡県沼津市千本港町83番地
TEL 055-954-0606
https://www.numazu-deepsea.com

JAMSTEC（海洋研究開発機構）

海と地球の研究をおこなっている研究機関。横須賀本部でおこなわれる一般公開日には、深海生物の展示や、「しんかい6500」の見学などもある。　提供：JAMSTEC

〒237-0061　神奈川県横須賀市夏島町2番地15
TEL 046-866-3811
https://www.jamstec.go.jp/j/about/access/yokosuka.html

※いずれの施設も開館日や時間などは事前に確認してください。また生物の展示も変わるので会いたいものがある場合は事前に確認しましょう。

インターネットで、オンラインで出あう

オンラインなら、世界中の深海生物といつでも出あうことができます。JAMSTECでも、ほかの研究機関などとも共同して、さまざまな情報を発信しています。

JAMSTEC/GODAC
動画で学ぼう！「海の生物多様性」（YouTube）

さまざまなテーマの中で、深海のオアシス「化学合成生態系」では、ゴエモンコシオリエビ (p81) などの熱水噴出域 (p109) にすむ生物の映像を見ることができます。

https://www.youtube.com/watch?v=SmauC072x KQ&list=PL0Q6zFF00WEsmVgbEqCgtVsWL8Iro UEQN&index=8

GODAC/JAMSTEC
「海の生物多様性」

「生物多様性」とは、生きものたちのゆたかなつながりがあること。今の海の状況を知り、わたしたちに何ができるか考えるきっかけになります。

https://www.jamstec.go.jp/godac/j/godac/kaiyou/marine_biodiversity.html

JAMSTEC
「深海映像・画像アーカイブス」

JAMSTECが、長年の調査研究によって撮影した深海生物や深海底のようすを、写真や動画で見ることができ、深海生物の生態を知ることができます。

https://www.godac.jamstec.go.jp/jedi/shot_search_main.jsf?LANG=JPLANG=JPLANG=JP

JAMSTEC
「深海デブリデータベース」

JAMSTECが「しんかい6500」などでの深海調査のなかで撮影した、深海に沈むごみ「デブリ」の情報を公開しています。これからの地球について考えるヒントになります。

https://www.godac.jamstec.go.jp/dsdebris/j/index.html

生物名 さくいん

赤字はくわしく紹介しているページです。

あ
アウガプティルス科の一種 ... 123,127
アオメエソ ... 26
アシナガサラチョウジガイ ... 69,76
アプセウデス科の一種 ... 21
アリエテルス属の一種 ... 107,114

い
イタチザメ ... 12
イトアシカムリ属の一種 ... 98
イトエラゴカイ属の一種 ... 80
イトマキボラ科の一種 ... 88
隠足目の一種 ... 54

う
ウミクワガタ科の一種 ... 29
ウミケムシ科の一種 ... 23
ウミホタル科の一種 ... 64
ウミユリ ... 42
ウロコフネタマガイ ... 10
ウロコムシ科の一種 ... 106

え
エビスガイ属の一種 ... 105
エボシナマコ属の一種 ... 22,120

お
オニアンコウ ... 11
オハラエビの仲間 ... 109

か
カイアシ類 ... 65,114,127
カイコウオオソコエビ ... 9
カイメン ... 77
カイメンヤドリアナエビ属の一種 ... 17,25
カッパクラゲ属の一種 ... 68
カドナシフタツクラゲ ... 132
カノコケムシクラゲ ... 66
カブトヒメセミエビ属の一種 ... 83,84
ガリリア属の一種 ... 112
カワリオキヤドカリ ... 78

き
キチジ ... 60
キンキ ... 60
キライクラゲ ... 43,67
キンヤギ科の一種 ... 110

く
クサウオ科の一種 ... 30
クジラの骨 ... 9,12,73
グソクムシ科の一種 ... 87
クダヤギ属の一種 ... 83,94
クモエビ属の一種 ... 95
クリオネ ... 123,126
クロカムリクラゲ ... 17,34

け
ゲイコツナメクジウオ ... 72

こ
ゴエモンコシオリエビ ... 69,81,141
コトクラゲ ... 69,70,140
コブシカジカ属の一種 ... 68
ゴマフウリュウウオ ... 83,97
コンゴウアナゴ ... 48

さ
サシバゴカイ科の一種 ... 82
サツマハオリムシ ... 8

し
シギウナギ ... 37
シャリンヒトデ目の一種 ... 17,18
ジュウモンジダコ属の一種 ... 107,121
シロウリガイ ... 9
シンカイウリクラゲ ... 135
シンカイクサウオ ... 13

す
スカシソコクラゲ ... 134
スケーリーフット ... 10

せ
ゼウシア属の一種 ... 58
センジュナマコ ... 57
センスガイ科の一種 ... 103

た
ダーリアイソギンチャク 43,62
ダイオウウニ亜科の一種 117
ダイオウグソクムシ 107,118,140
ダイオウクラゲ 31,119
ダイオウホウズキイカ 125
タイワンリョウマエビ 28
ダルマハダカカメガイ 123,126

ち
チヒロダコ属の一種 56
チュウコシオリエビ科の一種 86
チューブワーム 8

て
テングウミノミ科の一種 92
テンロウヨコエビ属の一種 20

と
ドーリス科の一種 43,46
トリノアシ 17,42

な
ナツシマチョウジャゲンゲ 32
ナツメイカ 123,124
ナナテイソメ科の一種 102,128

に
ニホンコツブムシ 82

ね
ネコジタウミギク 107,116

は
ハグルマミズスイ 83,104
ハダカエボシ科の一種 69,71
バラハイゴチ 96

ひ
ヒゲツノザメ 41
ヒゲナガダコ科の一種 123,130
ヒゲナガチュウコシオリエビ 79
ヒメヒトデ属の一種 63

ふ
フカミクラゲ 35
腹足綱の一種 89
フトヒゲソコエビ上科の一種 45

へ
ベニオオウミグモ 59
ベニズワイガニ 61

ほ
ホソウミナナフシ科の一種 50
ホテイヨコエビ科の一種 43,44
ホモラ科の一種 99
ホンヤドカリ科の一種 101

ま
マダコ属の一種 74
マツカサキンコ属の一種 55
マッコウタコイカ 61
マメヘイケガニ科の一種 83,90

み
ミカワエビ 100
ミツクリザメ 140
ミドリフサアンコウ 140
ミョウガガイ亜目の一種 119
ミルズクロクラゲ 123,136

む
ムネエソモドキ 36
ムンナ科の一種 73

め
メンダコ 31,69,75,140

や
ヤジリクラゲ 133
ヤリボヘラムシ 73

ゆ
ユウキータ属の一種 65
ユウレイモヅル科の一種 107,111
ユノハナガニ 108,109
ユビアシクラゲ 68
ユメザメ 40

よ
ヨコエソ 43,52
ヨコスジクロゲンゲ 49
ヨコヅナイワシ 10,11,12,17,38,39
ヨロイセンジュエビ 24

ら
裸鰓目の一種 122

り
リットウクモエビ 113

れ
レプトソマトゥム科の一種 129

ろ
六放海綿綱の一種 77

わ
ワモンヤドカリ属の一種 85
ワレカラ属の一種 33

【写真・文】

藤原 義弘 ふじわら よしひろ
1969年岡山県生まれ。国立研究開発法人海洋研究開発機構（JAMSTEC）上席研究員。東京海洋大学大学院海洋科学技術研究科客員教授。筑波大学修士課程修了、博士（理学）、海洋科学技術センター、米国スクリップス海洋研究所を経て現職。著書・共著・監修書に『追跡！ なぞの深海生物』『最驚！ 世界のサメ大図鑑』（ともにあかね書房）、『深海のとっても変わった生きもの』（幻冬舎）、『小学館の図鑑NEO 深海生物』（小学館）、『クジラがしんだら』（童心社）などがある。

土田 真二 つちだ しんじ
1966年東京都生まれ。国立研究開発法人海洋研究開発機構（JAMSTEC）海洋生物環境影響研究センター准研究主幹。東京海洋大学連携大学院准教授。専門分野は熱水性甲殻類生態学。東京水産大学大学院博士後期課程修了、博士（水産学）を経て現職。著書・共著・監修書に『潜水調査船が観た深海生物—深海生物研究の現在』（東海大学出版会）、『深海生物大百科』（学研教育出版）などがある。

ドゥーグル・J・リンズィー Dhugal John Lindsay
1971年オーストラリア生まれ。国立研究開発法人海洋研究開発機構（JAMSTEC）超先鋭研究開発部門超先鋭研究開発プログラム主任研究員。クイーンズランド大学理学部・文学部卒業。東京大学大学院農学生命科学研究科水圏生物科学専攻博士課程修了、博士（農学）を経て現職。著書・共著・監修書に『深海のフシギな生きもの—水深11000メートルまでの美しき魔物たち』（幻冬舎）、『深海』（共著、晋遊舎）、『最新クラゲ図鑑—110種のクラゲの不思議な生態』（誠文堂新光社）、『句集 むつごろう』（芙蓉俳句会）などがある。

【編集】

中野 富美子 なかの ふみこ
フリーランス編集者・ライター。おもな編集・執筆の仕事に『追跡！ なぞの深海生物』（野見山ふみこ名義）『バイオロギングで新発見！ 動物たちの謎を追え』『最驚！ 世界のサメ大図鑑』『サバイバル！ 危険昆虫大図鑑』（以上あかね書房）、『深海のとっても変わった生きもの』（幻冬舎）、『日本の美しい言葉辞典』（ナツメ社）などがある。

【指導・協力（五十音順）】
青木優和（東北大学）／有山啓之（大阪市立自然史博物館）／岡西政典（広島修道大学）／小川晟人（国立科学博物館）／小川洋（海の生き物を守る会）／奥谷喬司（東京水産大学）／角井敬知（北海道大学）／小枝圭太（琉球大学）／小林格（神戸大学）／駒井智幸（千葉県立中央博物館）／酒向実里（名古屋大学）／嶋田大輔（日本大学）／自見直人（名古屋大学）／白木祥貴（北海道大学）／千徳明日香（琉球大学）／田中克彦（東海大学）／田中隼人（葛西臨海水族園）／柳研介（千葉県立中央博物館分館 海の博物館）／山口篤（北海道大学）／Alexander Martynov（Zoological Museum, Moscow State University）／Benny K.K. Chan（Academia Sinica）／Leah A. Bergman（JAMSTEC）

各ページのメイン写真：解説下に撮影者を明記
その他の写真提供：各写真下に明記

【カバー・本扉・そで 写真撮影】
藤原義弘：アリエテルス属の一種、ゴマフウリュウウオ、シャリンヒトデ目の一種、カブトヒメセミエビ属の一種、ダーリアイソギンチャク、アオメエソ
土田真二：ガリリア属の一種
ドゥーグル・J・リンズィー：カノコケムシクラゲ

編集協力：小葉竹由美
イラスト：木下千尋
ブックデザイン：椎名麻美

【おもな参考資料】
『深海 The deep 挑戦の歩みと驚異の生きものたち 特別展』（読売新聞社）国立科学博物館, 海洋研究開発機構, 読売新聞社, NHK, NHKプロモーション 編
『深海 2017 Deep ocean 最深研究でせまる"生命"と"地球" 特別展』（NHK）国立科学博物館, 海洋研究開発機構, NHK, NHKプロモーション, 読売新聞社 編
『深海』（晋遊舎）クレール・ヌヴィアン 著, 伊部百合子 訳, 高見英人, ドゥーグル・リンズィー, 藤岡換太郎 監修
『深海 - 極限の世界 生命と地球の謎に迫る』（講談社）藤倉克則, 木村純一 編著
『最新クラゲ図鑑 110種のクラゲの不思議な生態』（誠文堂新光社）三宅裕志, Dhugal Lindsay 著
『世界で一番美しいクラゲの図鑑』（エクスナレッジ）リサ＝アン・ガーシュウィン 著, 的場知之 訳, ドゥーグル・リンズィー 監修
『小学館の図鑑NEO 深海生物』（小学館）藤原義弘 総合監修・執筆ほか

深海生物生態図鑑

2025年1月10日 初版発行

写真・文	藤原義弘
	土田真二
	ドゥーグル・J・リンズィー
編集	中野富美子
発行者	岡本光晴
発行所	株式会社あかね書房
	〒101-0065
	東京都千代田区西神田3-2-1
電話	03-3263-0641（営業）
	03-3263-0644（編集）
印刷所	株式会社東京印書館
製本所	牧製本印刷株式会社

© Y.Fujiwara, S.Tsuchida, D.J.LINDSAY, F.nakano 2025
Printed in Japan
ISBN978-4-251-09347-9
落丁本・乱丁本はお取りかえいたします。
https://www.akaneshobo.co.jp

NDC480
ふじわらよしひろ
藤原義弘
しんかいせいぶつせいたいずかん
深海生物生態図鑑
あかね書房 2025年 143p 26㎝×27㎝